Gertrud und Richard Neges

FÜHRUNGSKRAFT UND TEAM

NEGES´ MANAGEMENTTRAINER

GERTRUD UND RICHARD NEGES

FÜHRUNGSKRAFT UND TEAM

- Teams zusammenstellen und entwickeln
- Teampotenzial-Analyse
- Strukturiertes Arbeiten mit Teams

Bibliografische Information Der Deutschen Bibliothek

Die Deutsche Bibliothek verzeichnet diese Publikation in der Deutschen Nationalbibliografie; detaillierte bibliografische Daten sind im Internet über http://dnb.ddb.de abrufbar.

ISBN 978-3-7093-0159-3

Es wird darauf verwiesen, dass alle Angaben in diesem Fachbuch trotz sorgfältiger Bearbeitung ohne Gewähr erfolgen und eine Haftung der Autoren oder des Verlages ausgeschlossen ist.

Umschlag: AG MEDIA GmbH
Satz: Hannes Strobl, Satz · Grafik · Design, 2620 Neunkirchen
© LINDE VERLAG WIEN Ges.m.b.H., Wien 2007
1210 Wien, Scheydgasse 24, Tel.: 0043/1/24 630
www.lindeverlag.at

Druck: Hans Jentzsch & Co. GmbH, 1210 Wien, Scheydgasse 31

INHALT

1. EINLEITUNG

In jedem Unternehmen werden Menschen zur erfolgreichen Zielerreichung in hierarchisch gegliederte Gruppen mit unterschiedlichen Anforderungsprofilen zusammengefasst. Die Teamfähigkeit ergibt erst die Grundlage für eine innovative Zusammenarbeit innerhalb des Teams bzw. quer durch das Unternehmen. Die Aufgabe der Führungskräfte dabei ist es, für Teamorientierung zu sorgen, damit bestimmte Ziele, Anforderungen, Probleme etc. wirkungsvoll in Angriff genommen werden können.

Die Leistungsfähigkeit eines Teams wird einerseits durch »Hard Facts« bestimmt, zu denen hauptsächlich die klare Aufgaben- und Verantwortungsverteilung im Team zu zählen sind, aber auch die Ausstattung mit Arbeitsmitteln und die Anwendung geeigneter Arbeitstechniken. Ausschlaggebend für die Qualität der Umsetzung der Aufgaben und der Zusammenarbeit und somit für die »Wirkung« eines Teams sind jedoch »Soft Facts« wie dialogorientierte Führung, bewusste Teamentwicklung als gemeinsamer Teamprozess, regelmäßige Team-Meetings, Schulungen für das gesamte Team, Feedback-Gespräche mit den Teammitgliedern usw.

Durch gezieltes Teammanagement lassen sich viele Synergieeffekte erreichen, die sich positiv auf Arbeitsklima, Arbeitsverhalten, Qualität der Ergebnisse und die zwischenmenschliche Beziehungsebene auswirken. Das Handwerkszeug der Führungskraft besteht im Bereich der Teamaktivierung aus folgenden wichtigen Instrumenten, die in diesem Buch behandelt werden: Auswahl und Entwicklung von Mitarbeitern, Moderation von ergebnisorientierten Besprechungen, Durchführung von Trainings am Arbeitsplatz, ein effektives Projektmanagement, Schaffung einer innovativen Teamkultur, Stärkung des Wir-Gefühls und Planung des kontinuierlichen Einsatzes der unterschiedlichen Mitarbeiterfähigkeiten zur Erreichung der gemeinsamen Teamziele.

2. ERFOLGREICHE TEAMENTWICKLUNG

Die Grundvoraussetzung für das Funktionieren eines Teams ist eine klare Aufgaben-, Befugnis- und Verantwortungsstruktur. Diese muss transparent, nachvollziehbar und von allen Teammitgliedern akzeptiert sein. Je klarer die Teamstrukturen sind und je besser sich die Teammitglieder ergänzen, umso leichter lassen sich die gestellten Anforderungen bewältigen.

Eine Team-Funktionsbeschreibung legt die im Team zu erfüllenden Aufgaben fest, regelt die Kompetenz- und Verantwortungsbereiche und dient auch zur Zielvereinbarung (Beispiel auf Seite 9).

Die Bildung von Teams und die entsprechende Organisation der Aufgaben und Arbeitsabläufe allein genügen aber nicht, um die Synergie-Effekte freizusetzen, die bei Teamarbeit mehr Leistung ermöglichen. Ein Team aufzubauen heißt, ein Klima gegenseitigen Vertrauens zwischen Menschen zu schaffen und ihnen ein Gefühl für die wechselseitigen Abhängigkeiten zu geben. Nicht alle Menschen arbeiten gut zusammen. Immer wieder kann es zu persönlichen Auseinandersetzungen und Rivalitäten zwischen Mitgliedern einer Gruppe sowie zwischen verschiedenen Gruppen im Unternehmen kommen. Darauf sollte eine Führungskraft unbedingt achten, denn an diesen menschlichen Konflikten können bestens geplante Vorhaben scheitern. Für den erfolgreichen Aufbau eines Teams sollte man daher über Gruppenverhalten Bescheid wissen und darüber, wie sich eine erfolgsorientierte Gruppe zusammensetzen soll.

2.1 Teamentwicklung als Prozess

Der Begriff Team wird für die produktive, flexible und zielorientierte Zusammenarbeit von Menschen in Bezug auf eine Aufgabe oder ein Projekt verwendet, mit dem Grundgedanken, dass das Wissen einer Gruppe vielfältiger für die Aufgabenerledigung zu nutzen ist als das Wissen des Einzelnen. Eine wirkungsvolle Zusammenarbeit entsteht aber nur durch die bewusste Entwicklung des Teams in Hinblick auf:

- ▸▸ Erhaltung oder Verbesserung der Arbeitsfähigkeit im Team
- ▸▸ Nutzung des vorhandenen Potenzials
- ▸▸ Klärung von Aufgaben-, Funktions- und Rollenverteilung in der Gruppe
- ▸▸ Herstellung einer Teamidentität (Wer sind wir?)
- ▸▸ Optimierung von Strukturen der Zusammenarbeit
- ▸▸ Förderung von Selbstorganisationsprozessen

Zur effektiven Teamentwicklung muss das entsprechende Umfeld geschaffen werden. Den einzelnen Teammitgliedern muss es möglich sein, sich zu öffnen, Verantwortung zu übernehmen und Selbstvertrauen zu entwickeln. Folgende Faktoren sind dafür ausschlaggebend:

- ▸▸ die Bereitschaft, durch offenes Sprechen über Ansichten, Ideen und Meinungen ein partnerschaftliches Zusammenarbeiten zu fördern
- ▸▸ das Bewusstsein, dass Menschen ihre Fähigkeiten und Potenziale dann am besten nützen, wenn sie in einer vertrauensvollen Atmosphäre agieren können

Team-Funktionsbeschreibung

Team: Bankfiliale	Vorgesetzter:	Stellvertreter:	Datum:
Hauptfunktionen	**Befugnis**	**Verantwortung**	**Zielvereinbarung**
	H = Handlungskompetenz/ eigengestaltend F = Führungskompetenz A = in Abstimmung/auf Basis G = nach Genehmigung	(Schlüsselverantwortung)	(Vereinbartes Ergebnis)
Bedienen im baren in- und ausländischen Zahlungsverkehr	H - Drucksortenbestand H - Automatenbetreuung A - Sicherheitsbestimmungen	Kassa	Minimierung Kassa-Fehlgelder
Girokontobetreuung	H - Kontoverträge komplett H - Vergabe von Schließfächern, Nachttresor, Tresorfächern A - Disporahmen G - Rahmen ab 3 Gehältern	Privatkundenkonten	Bestandserweiterung um 10 %
Verkauf von Sparprodukten	H - Sparverträge laut Konditionenaushang A - zzgl. 0,5 %	Sonderkonditionen	Einlagenzuwachs um 5 %
Konsumkredit	H - bis 50 TS G - ab 50 TS G - Sonderkonditionen -1 %	Komplettabwicklung bis 50 TS Mahnwesen	Steigerung um 15 %
Intensivierungsgespräche Privatkunden	H - Konditionenverbesserung H - Umstieg auf VIP-Konto	Alle A- und B-Kunden	Kontodurchdringung von 10 %

▸▸ die Erfahrung, dass persönliches Wachstum vor allem in der Begegnung mit anderen Menschen stattfinden kann

▸▸ die Einstellung, dass Personen und ihre Äußerungen ernst genommen werden

▸▸ die Absicht, dass gemeinsame Lösungen erarbeitet werden sollen und nicht die Meinung eines Einzelnen durchgesetzt werden soll

Das persönliche Lernen jedes einzelnen Mitarbeiters basiert auf Kooperation und nicht auf Rivalität. Gleichzeitig werden die Persönlichkeits- und Gemeinschaftsentwicklung und die Aufgabenbewältigung gefördert. Unabhängig davon, ob ein Team sich selbst bildet oder von außen zusammengesetzt wird, müssen die Voraussetzungen eines Selbstorganisationsprozesses geschaffen werden: Kontakt, Transparenz, Akzeptanz und Ergebnisorientierung.

Teamentwicklung ist ein laufender Prozess und keine einmalige Sache. Ein leistungsfähiges Team entwickelt sich erst nach und nach, nachdem die Beziehungen vertieft, die Rollen und Aufgaben klar definiert sind. Die Führungskraft hat dabei die Aufgabe, sowohl die einzelnen Phasen der Teamentwicklung aktiv zu begleiten als auch die Entwicklung des Teams in Hinblick auf neue Anforderungen immer wieder aktiv voranzutreiben.

Teamentwicklungsphasen

Phase	Schwerpunkte	Verhalten der Teammitglieder
1. Orientierung	▸ Ziele verstehen ▸ Aufgaben kennen ▸ Informationen sammeln ▸ Methoden entwickeln ▸ Strukturen aufbauen	▸ Suche nach eigener Rolle ▸ Normen, Standards kennenlernen ▸ Zurückhaltung und Beobachtung ▸ Abhängigkeit von Führungskraft
2. Konfrontation	▸ Wahrnehmung der Aufgaben ▸ Schnittstellen – Probleme tauchen auf ▸ Machtkämpfe mit anderen Teammitgliedern ▸ Diskrepanz: Aufgabe und persönliche Interessen ▸ Widerstand gegen Aufgabe und Methoden ▸ Abstecken von Kompetenz- und Verantwortungsspielraum	▸ Verteidigen von Territorien ▸ Suche nach Verbündeten ▸ Kampf um Macht und Einfluss ▸ Akzeptanz im Team herstellen ▸ Ängste ▸ Individualität bewahren wollen
3. Kooperation	▸ Spielregeln für die Arbeit ▸ Offener Austausch von Informationen und Daten ▸ Suche nach Alternativen ▸ Verstärkte Aufgabenorientierung	▸ Wertschätzung und Akzeptanz anstreben ▸ Entspannung ▸ Identifikation baut sich auf ▸ Harmonie im Umgang mit anderen ▸ Offene, authentische Kommunikation
4. Integration von persönlichen Bedürfnissen	▸ Suche nach mehr Effizienz ▸ Integration im Team ▸ Reflexion über eigene Entwicklung im Team ▸ Arbeitsteilung verfeinern ▸ Gegenseitige Förderung	▸ Feedback-Prozesse ▸ Reflexion über die Zusammenarbeit ▸ Freundschaften entstehen ▸ Volle Integration im Unternehmen

NEGES' MANAGEMENTTRAINER

FÜHRUNGSKRAFT UND TEAM

2.2 Führungsrollen in der Teamarbeit

Ein Team braucht Struktur, Führung, Regeln und eine Entscheidungsperson. Obwohl Selbstorganisations- und Selbstlernprozesse das Ziel einer Teamentwicklung sind, darf ein Team nicht einfach sich selbst überlassen werden. Der Vorgesetzte muss für Interventionen bereitstehen und steuernd eingreifen, wenn die Arbeit stockt, wenn emotionale Spannungen auftauchen oder sich das Umfeld verändert.

Die Leitung eines Teams kann abhängig von der vorherrschenden Führungskultur, Dauer der Teamzusammenarbeit, Art der Aufgabe und Persönlichkeit der Führungskraft sehr unterschiedlich angelegt sein. Je nach Reifegrad eines Unternehmens ergeben sich daraus mehrere mögliche Führungsrollen:

Vorgesetztenrolle

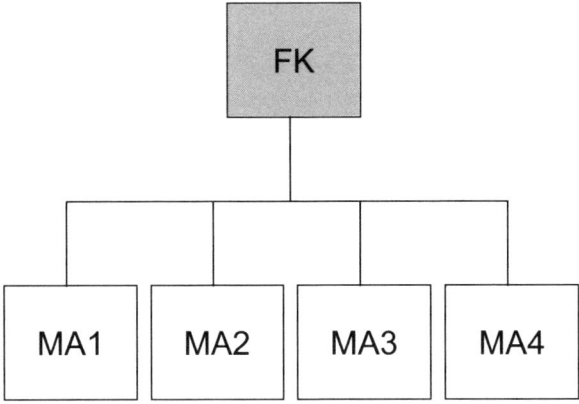

Dieses Rollenbild entspricht einem Organigramm. Das Team hat eine klare Struktur, und die Aufgaben der Führungskraft und der Teammitglieder sind eindeutig festgelegt. Bei Problemen ist die Führungskraft die direkte Ansprechperson. Die Mitarbeiter werden disziplinär vom Vorgesetzten geführt und sind dem Vorgesetzten gegenüber ergebnisverantwortlich.

Der Vorgesetzte erteilt an jeden Mitarbeiter klare Anweisungen. Er entwickelt, betreut und motiviert jeden Mitarbeiter direkt. Die Teamarbeit steht im Hintergrund.

Führungsrolle

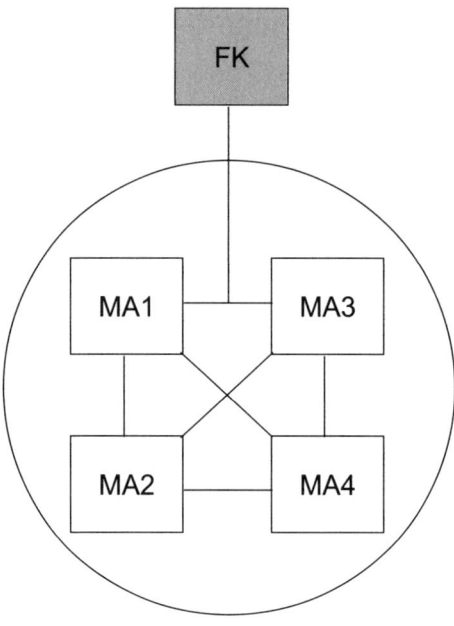

Die Führungskraft ist für die Gesamtleistung des Teams verantwortlich. Das Team arbeitet jedoch selbstständig. Die Führungskraft ist kaum in die täglichen Teamaktivitäten und Entscheidungen involviert. Das Team zieht die Führungskraft nur dann bei, wenn unüberwindliche Probleme und Konflikte innerhalb des Teams oder Unklarheiten in operativen Fragen auftreten. Die Führungskraft schafft die notwendigen Rahmenbedingungen und ist für die richtige Zusammensetzung des Teams verantwortlich. Wichtige Führungsaufgaben sind die Vereinbarung von Zielen und von erwarteten Ergebnissen mit dem Team sowie die Planung, Aufgabenverteilung und Einbeziehung des Teams bei wichtigen Entscheidungsprozessen. Die Führungskraft wird als Netzwerker zu anderen Abteilungen und als Informationsmanager benötigt.

Teamleiterrolle

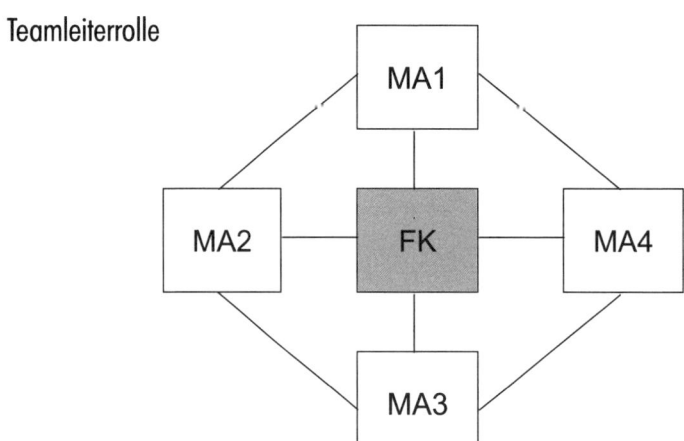

Die Führungskraft ist als Teamleiter Mitglied des Teams und hat die Leitungsfunktion inne. Der Teamleiter (in der Praxis oft Gruppenleiter) kann die disziplinäre Verantwortung für das Team haben, großteils hat er jedoch nur eine Führungs- und Steuerungsfunktion, die disziplinäre Verantwortung liegt bei seinem Vorgesetzten. Das Team arbeitet gemeinsam mit der Führungskraft an den Aufgaben und Aufträgen. Die Führungskraft ist Moderator im Team und unterstützt das Team bei der Erfüllung der Aufgaben. Störungen, die das Team betreffen, werden von der Führungskraft abgewendet. Eine weitere wichtige Aufgabe ist die Förderung des Teams und seine Entwicklung zur erfolgreichen Erreichung der Ziele. Dazu ist ein kooperativer Führungsstil notwendig.

Teamsprecherrolle

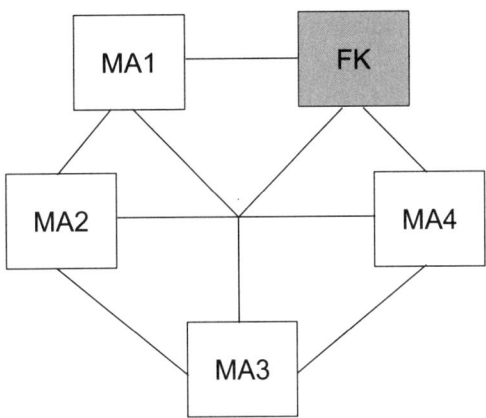

Die Führungskraft ist allen Teammitgliedern gleichgestellt und arbeitet operativ an allen Aufgaben aktiv mit. Der Teamsprecher hat keine Leitungs- und Steuerungsfunktion, sondern vertritt die Gruppe nach außen. Die besonderen Tätigkeiten eines Teamsprechers sind:

▶▶ Vertretung des Teams
▶▶ Für aktive Kommunikation und Information sorgen, sowohl im Team als auch zum Vorgesetzten
▶▶ Abstimmung von Aufgaben und Prozessen innerhalb des Teams
▶▶ Kontrolle der Einhaltung von Vereinbarungen mit anderen Bereichen
▶▶ Interessen des Teams noch oben aktiv verkaufen

2.3 Teams richtig zusammensetzen

Jedes Team setzt sich aus unterschiedlichen Menschen zusammen, die einem bestimmten Typus entsprechen und die in dieser Gruppe auch unterschiedliche Rollen innehaben. Der Typus eines Teammitglieds ergibt sich aus seiner Persönlichkeitsstruktur und seinem grundsätzlichen Naturell. Wenn nun Menschen mit unterschiedlichem Naturell zusammenarbeiten, kann es sein, dass sie sehr gut zusammenpassen und auch erfolgreich zusammenwirken. Es kann aber auch sein, dass sie schon aufgrund ihrer persönlichen Anlagen nicht gut miteinander können und somit das Arbeitsklima und die Ergebnisse davon beeinflusst werden. Jede Führungskraft, die ein oder mehrere Gruppen zu leiten hat, sollte daher danach trachten, die Teams »richtig« zusammenzustellen.

»Richtige« Teamzusammensetzung	»Falsche« Teamzusammensetzung
▸ Mehr Effektivität	▸ Konkurrenzkampf
▸ Weniger Konflikte	▸ Unnötige Spannungen
▸ Eine schnellere Erledigung von Aufgaben	▸ Intrigen, Gerüchte
▸ Bessere Ergebnisse	▸ Verletzungen
▸ Eine gute Kommunikation	▸ Frustrationen
▸ Hilfestellung untereinander	▸ Negative Stimmungen
	▸ Fluktuation
	▸ Dienst nach Vorschrift

2.3.1 Typologie der Teammitglieder

Als Führungskraft sollten Sie wissen, welche »Typen« Sie in Ihrem Team haben, welche Eigenheiten diese Typen haben und wie sie am besten zu behandeln sind, damit sie den gewünschten Beitrag zur Teamarbeit und Entwicklung leisten, mit den anderen Teammitgliedern effizient zusammenarbeiten und sich gegenseitig fördern. Erfolgreiche Teams verstehen Typen und damit zusammenhängende Rollen als Chance für die Entwicklung und Flexibilität und nicht als charakterliche Festlegung.

Wir unterscheiden sechs Verhaltenstypen:
- ▸▸ Der Einfühlsame
- ▸▸ Der Logiker
- ▸▸ Der Bewahrer
- ▸▸ Der Ruhige
- ▸▸ Der Rebell
- ▸▸ Der Macher

Der »Einfühlsame«

Verhaltensmerkmale	Positiv:
	▸ Sensibler Mitarbeiter
	▸ Guter Zuhörer
	▸ Menschlichkeit
	▸ Gefühlsmensch
	▸ Ehrlich – offen – ruhig
	▸ Positive Grundeinstellung
	▸ Kann sich in andere hineinversetzen
	▸ Ansprechpartner für jeden Mitarbeiter
	Negativ:
	▸ Geht in Gesprächen nicht aus sich heraus
	▸ Ist konfliktscheu
	▸ Geht nicht aktiv auf andere Menschen zu
	▸ Zeigt wenig Autorität

	▸ Ist leicht angreifbar
	▸ Selbstsicherheit ist schwach
	▸ Neigt zu überzogener Selbstkritik
	▸ Hat wenig Überzeugungskraft
	▸ Zieht sich gerne zurück
	▸ Will niemandem wehtun
	▸ Nimmt alles sehr persönlich
	▸ Hat hohen Selbstschutz aufgebaut
Kommunikationserfordernisse	▸ Klare Sprache
	▸ Aussagen auf den Punkt bringen
	▸ Nicht überfordern
	▸ Hohe Wertschätzung entgegenbringen
	▸ Strukturierte Gesprächsführung
	▸ Fragen stellen – viel konkretisieren – bei Antworten unterstützen
	▸ Öfter zusammenfassen
	▸ Skizzen einsetzen
Behandlung	▸ Sicherheit geben
	▸ Motivieren
	▸ Gutes hervorheben
	▸ Aktiv in Entscheidungsprozesse einbinden
	▸ Mit Namen ansprechen
	▸ Rücksichtsvolle Behandlung
	▸ Öfter Anerkennung aussprechen
	▸ Viele praktische Beispiele einbringen
Zu erwartende Widerstände	▸ Zu ruhig und passiv
	▸ Hoher Selbstschutzmechanismus
	▸ Angst vor Neuem
	▸ Mangelnde Bereitschaft zur Offenheit
Integration im Team	▸ Eine tragende Rolle geben
	▸ Bringt sich alleine ein
	▸ Klarstellung von Macht, Aufgaben und Verantwortung
	▸ Wertschätzung ausbauen
	▸ Analytiker der Gruppe
	▸ Erfahrung bewusst nützen
	▸ Als Berater zur Seite nehmen
	▸ Vieraugengespräche suchen
	▸ Fordern in Teilbereichen
	▸ Gedanken leben lassen

Der »Logiker«

Verhaltensmerkmale	**Positiv:** ▸ Umsetzer ▸ Auffassungsvermögen sehr groß ▸ Geht nach Zahlen, Daten und Fakten vor ▸ Geht auf Nummer sicher ▸ Einfaches, praktisches Denken ▸ Kommt rasch auf den Punkt ▸ Hinterfragt pragmatisch ▸ Starker Mitarbeiter ▸ Legt Wert auf Beweise ▸ Analysiert gerne ▸ Ist objektiv-direkt ▸ Meist sehr genau **Negativ:** ▸ Eigensinnig ▸ Will immer recht haben ▸ Ungeduldig – erwartet sich Schnelligkeit ▸ Einseitigkeit – mangelndes Interesse auf anderen Gebieten ▸ Schwer von anderer Meinung zu überzeugen ▸ Macht Tempo ▸ Lässt oft keine zweite Meinung zu ▸ Bohrt – gibt nicht nach ▸ Zeigt wenig Gefühle ▸ Mangelnde Kompromissbereitschaft
Kommunikationserfordernisse	▸ Daten, Zahlen und Fakten in den Vordergrund stellen ▸ Klare Ziele vereinbaren ▸ Ausreden lassen ▸ Aktiv zuhören und Signale gezielt verwerten ▸ Einwände ernst nehmen und rasch behandeln ▸ Immer wieder auf Verständnis hinterfragen ▸ Wertschätzung konkretisieren ▸ Auf eine emotionale Ebene bringen
Behandlung	▸ Wertschätzung, Akzeptanz zeigen ▸ Gemeinsame Interessen herausarbeiten ▸ Immer etwas Neues bieten ▸ Stark in Entscheidungsprozesse miteinbeziehen
Zu erwartende Widerstände	▸ Verfolgt seine eigene Strategie ▸ Nimmt den anderen nicht ernst ▸ Gefühlsebene ist nachrangig

Integration im Team	▸ Hat rasch Akzeptanz im Team
	▸ Eine tragende Rolle geben
	▸ Klarstellung der Zielsetzung
	▸ Wertschätzung ausbauen
	▸ Analytische Fähigkeiten im Team nützen
	▸ Wissen im Team integrieren
	▸ Auftritt nach außen muss zwischen ihm und dem Team abgestimmt werden
Besonders zu beachten	▸ Motive verstehen lernen
	▸ Einbremsen und abstimmen
	▸ Loben (Anerkennung, Akzeptanz und Aufmerksamkeit geben)

Der »Bewahrer«

Verhaltensmerkmale	Positiv:
	▸ Großes Sicherheitsbedürfnis
	▸ Ist einschätzbar
	▸ Hat meist klare Struktur
	▸ Bringt Stabilität ein
	▸ Verlässlich
	▸ Schafhüter der Gruppe – meist im Hintergrund
	▸ Vorsichtig
	▸ Bringt konstant gute Leistungen
	▸ Ist belastbar
	Negativ:
	▸ Ungeduld
	▸ Schwerfällig bei Veränderungen
	▸ Nicht offen für Neues
	▸ Lange Entscheidungsprozesse
	▸ Hinterfragen findet kaum statt
	▸ Steht oft auf der Bremse
Kommunikationserfordernisse	▸ Aus der Reserve locken
	▸ Ziele gemeinsam vereinbaren
	▸ Neue Aufgaben stellen
	▸ Neutral bleiben
	▸ Aktiv um Meinung fragen
	▸ Kritik unter vier Augen
	▸ Zusammenfassung und Ergebnis visualisieren
	▸ Mit Praxis konfrontieren

Behandlung	▸ Bindung langfristig auf- und ausbauen
	▸ Beziehung stärken durch gemeinsame Aktivitäten
	▸ Motive erforschen und darauf eingehen
	▸ Immer wieder ansprechen – wertschätzen – Neues zeigen
	▸ Selbstständig arbeiten lassen – Kontrolle reduzieren
	▸ Immer wieder Ideen einfordern
Zu erwartende Widerstände	▸ Blockiert Neues
	▸ Vorgefertigte Meinung ist schwer zu verändern
	▸ Hoher Selbstschutz
Integration im Team	▸ Bringt sich oft selbst aktiv ein
	▸ Eine tragende Rolle/Verantwortung geben
	▸ Klarstellung von Zielen
	▸ Akzeptanz zu seinem Verhalten aufbringen
	▸ Bringt konstant gleich gute Leistungen
	▸ Erfahrung nützen
	▸ Als Berater einsetzen – hat kritischen Blick
Besonders zu beachten	▸ Greift immer wieder auf Bekanntes zurück
	▸ Gezielt beobachten
	▸ Werte schaffen
	▸ Nicht überfahren

Der »Ruhige«

Verhaltensmerkmale	Positiv:
	▸ Ist ruhig und überlegt
	▸ Kommt bei Aussagen auf den Punkt
	▸ Hat schlagfertige Antworten
	▸ Denkt manchmal länger nach
	▸ Ist meist ein Perfektionist
	▸ Analytiker
	▸ Hat meist klare Meinung
	▸ Guter Beobachter
	▸ Konstruktiver Mitarbeiter – nicht beim Reden sondern Denken
	▸ Wirkt oft ausgleichend
	Negativ:
	▸ Kein Motivator
	▸ Ist meist nicht flexibel
	▸ Agiert im Hintergrund
	▸ Befehlsempfänger
	▸ Konfliktscheu
	▸ Wirkt unbeteiligt
	▸ Begeisterung fehlt

	▸ Verschlossenheit – Selbstschutz
	▸ Selbstantrieb und Eigeninitiative fehlen
	▸ Wenig Durchsetzungsvermögen
	▸ Ist sehr auf Harmonie und Ausgleich aus
	▸ Oft schwer einschätzbar
Kommunikationserfordernisse	▸ Sachliche Fragen und Antworten
	▸ Auffordern, eigene Meinung zu sagen
	▸ Provozieren – mit gezielten Fragen herausholen
	▸ Motivieren durch klare Ziele und Verantwortungsbereiche
	▸ Ziele, Struktur des Gesprächs und Ergebnisse rasch harmonisieren
	▸ Ermuntern und schrittweise in Veränderung führen
	▸ Für Neues begeistern
Behandlung	▸ Immer wieder mit Aufmerksamkeiten verwöhnen
	▸ Sicherheit und Rückhalt geben
	▸ In Ruhe lassen
	▸ Struktur des Vorgehens zeitgerecht harmonisieren
	▸ Zeit selbst einteilen lassen
	▸ Termine zeitgerecht fixieren
Zu erwartende Widerstände	▸ Starker Selbstschutz bei Überforderung
	▸ Zeigt und äußert Widerstand nicht sofort
	▸ Nicht kooperativ
	▸ Nimmt alles persönlich
	▸ Wirkt schnell überfordert
Integration im Team	▸ Helfen, Beziehungsebenen auszubauen
	▸ Offenheit fördern
	▸ Wissen und Erfahrung weitergeben lassen
	▸ Öfter Abstimmungsgespräche führen
	▸ In Projekte einbinden
Besonders zu beachten	▸ Nicht bloßstellen, verletzen
	▸ Zeit zur Vorbereitung geben
	▸ Keinen Stress verursachen
	▸ Nicht zu viele Aufgaben auf einmal durchführen lassen
	▸ Zu Partner machen
	▸ Nie persönlich angreifen

Der »Rebell«

Verhaltensmerkmale	**Positiv:** ▸ Bringt sich stark ein ▸ Ist sehr präsent – dynamisches Vorgehen ▸ Entwickelt neue Lösungsansätze ▸ Hebt die Stimmung ▸ Ist sehr veränderungsbereit ▸ Stellt vieles in Frage ▸ Setzt sich aktiv mit Problemen auseinander ▸ Zeigt auf – meidet Konflikte nicht ▸ Agiert unabhängig **Negativ:** ▸ Dominantes Verhalten ▸ Kann sehr stark stören ▸ Sehr direkt und eigensinnig ▸ Launisch, frech, provokant ▸ Egoist ▸ Interveniert ständig, wenn ihm etwas nicht gefällt ▸ Stellt immer wieder alles in Frage ▸ Ist anstrengend, da meist nie zufrieden ▸ Agiert für die Erreichung seiner Ziele auch rücksichtslos ▸ Einzelkämpfer – arbeitet gerne alleine ▸ Hat wenig Vertrauen ▸ Besserwisser ▸ Sucht und schafft Konflikte ▸ Arbeitet oft auch planlos – ohne Konzeption
Kommunikationserfordernisse	▸ Ausreden lassen und beruhigen ▸ Keine unnötigen Diskussionen anheizen ▸ Auf den Punkt kommen ▸ Einbremsen durch aktives Mitschreiben ▸ Verweis auf Spielregeln ▸ Zur Mitarbeit auffordern ▸ Ideen/Gedanken des Rebellen integrieren ▸ Rückfragen und präzisieren
Behandlung	▸ Beschäftigen, bremsen ▸ Spielregeln aufstellen ▸ Einfühlungsvermögen zeigen – auf Bedürfnisse direkt eingehen ▸ Unstimmigkeiten rasch erkennen und reagieren ▸ Anerkennung geben für Initiativen und Ideen ▸ Einbindung bei schwierigen Projekten (damit steigt die Bedeutung) ▸ Aktionismus nützen

Zu erwartende Widerstände	▶ Boykottiert andere Teammitglieder
	▶ Aufbau von Suborganisationen
Integration im Team	▶ Aufgaben und Verantwortungsbereiche klar abgrenzen
	▶ Verantwortung übernehmen lassen
	▶ Teamverhalten aufbauen (Offenheit, Akzeptanz, Zugehen)
	▶ Schnittstellen klären
	▶ Rahmenbedingungen und Verantwortungsbereiche schriftlich festhalten
Besonders zu beachten	▶ Höflich und bestimmt ansprechen
	▶ Nicht links liegen lassen
	▶ Laufend beobachten
	▶ Einmischung in andere Arbeitsbereiche unterbinden
	▶ Viel fragen bzw. beschäftigen

Der »Macher«

Verhaltensmerkmale	Positiv:
	▶ Sehr zielstrebig
	▶ Geht seinen Weg und lässt sich nicht abbringen
	▶ Antriebsstark
	▶ Greift alles an
	▶ Erfolgsorientiert
	▶ Sehr umsetzungsstark
	▶ Fleißig
	▶ Bewegt viel
	▶ Meist Perfektionist
	▶ Hohes Engagement
	▶ Großes Wissen
	▶ Agiert selbstständig
	Negativ:
	▶ Will zu viel auf einmal
	▶ Ungeduldig – hört schlecht zu
	▶ Voreingenommenheit
	▶ Nur seine Ideen und Meinungen zählen
	▶ Will immer im Mittelpunkt stehen
	▶ Einzelkämpfer
	▶ Egoist, dominant, übernimmt die Initiative
	▶ Meist ein schlechter Teamspieler
	▶ Ist oft auch stur
	▶ Gibt Fehler nicht zu
	▶ Denkt eher nur kurzfristig
	▶ Oft starker Selbstschutz vorhanden
	▶ Offenheit fehlt

Kommunikationserfordernisse	▸ Ins Gespräch hereinholen
	▸ Persönliche Meinungen und Erfahrungen hinterfragen
	▸ Ziele genau definieren
	▸ Auf den Punkt kommen
	▸ Feedback geben
	▸ Ideen visualisieren und vorantreiben
	▸ Struktur einfordern
Behandlung	▸ Handlungsspielraum zur Förderung der Eigenmotivation geben
	▸ Schwierige Projekte übertragen (gefällt Macher)
	▸ Auf seine Erfahrungen zurückgreifen (kann sich gut erinnern)
	▸ Persönliche Interessen kennenlernen und damit arbeiten
	▸ Ansprechpartner für ihn werden
	▸ Muss ständig gefordert werden (120 %)
	▸ Strukturierung beibringen
Zu erwartende Widerstände	▸ Nicht durch zu viel Bremsen demotivieren
	▸ Beziehung bricht ab
	▸ Rennt in die falsche Richtung
	▸ Nimmt gemeinsame Teamziele nicht an
	▸ Ist nachtragend – vergisst nichts
Integration im Team	▸ Im Team aktiv miteinbeziehen
	▸ Moderationsaufgaben übertragen
	▸ Kommunikation und Information im Team verstärken
	▸ Aufgaben klar zuordnen
	▸ Praxiserfahrung einbringen lassen
	▸ Feedback-Prozesse im Team initiieren
	▸ Manchmal bremsen
Besonders zu beachten	▸ Auftretende Konflikte sofort analysieren und lösen
	▸ Konkurrenzkämpfe untereinander abstellen
	▸ Nicht links liegen lassen
	▸ Manchmal auch bewusst unterbrechen und zurückholen

2.3.2 Beispiele für Teamzusammensetzungen

Ein Team ist dann optimal besetzt, wenn alle notwendigen Anforderungen vom Team erfüllt werden können. Die Zusammensetzung hängt sehr vom Auftrag an das Team ab. Das Team für den Innendienstverkauf wird andere Teammitglieder aufweisen als ein Produktionsteam.

Um die Zusammensetzung eines bereits bestehenden Teams zu überprüfen, kann die Führungskraft die einzelnen Mitarbeiter den »Typen« zuordnen und danach eine Neuorganisation mit dem Team erarbeiten.

Auf Basis der Team-Typologie ergeben sich folgende »optimale« Zusammensetzungen:

▸▸ Vertriebsinnendienst

Macher	Arbeitet Aufträge effektiv ab
Einfühlsamer	Kann gut mit Kunden umgehen
Bewahrer	Prüft die Ergebnisse kritisch
Ruhiger	Meistert auch Stresssituationen

▸▸ Marketingteam

Rebell	Bringt laufend Ideen ein
Logiker	Kann Konzepte auf den Punkt bringen
Einfühlsamer	Fühlt, ob angestrebte Wirkung auch beim Kunden ankommen wird

▸▸ Produktionsteam

Logiker	Kann Veränderungen rasch erfassen und integrieren
Macher	Bestimmt das Tempo und arbeitet effektiv bis zum Abschluss
Bewahrer	Führt Prozesse mit gleich guter Qualität aus
Ruhiger	Bewahrt den Überblick und ist sehr konzentriert

▸▸ Buchhaltungsteam

Ruhiger	Arbeitet die anfallenden Aufgaben kontinuierlich ab
Macher	Bringt hohes Tempo ein und ist bei größerem Arbeitsanfall rasch in der Erledigung
Bewahrer	Arbeitet wie immer ohne Fehler; kann bekannten Ablauf immer mit gleicher Qualität erfüllen

▸▸ Schwieriges Projekt

Rebell	Treibt das Projekt voran
Macher	Setzt seine Erfahrung mit Konsequenz um
Ruhiger	Sorgt für Ausgleich und Harmonie
Logiker	Gibt die Linie vor

▸▸ Produktentwicklung

Logiker	Schafft Überblick über Daten, Zahlen, Fakten
Einfühlsamer	Hört auf sich selbst, ob Produkt ankommen wird
Macher	Entwickelt Ideen im Hinblick auf Verkaufssystem weiter
Bewahrer	Pfeift alle zurück, wenn das Projekt zu abstrakt wird

▸▸ Erarbeitung Unternehmensstrategie

Rebell	Gibt Linie vor
Logiker	Baut Fundament auf ausführlicher Analyse auf
Macher	Kann schnell abschätzen, was machbar ist
Bewahrer	Bringt durch seine Widerstände neue Gesichtspunkte ein (was geht, was geht nicht)
Einfühlsamer	Überprüft die Wirksamkeit des Ergebnisses

2.4 Teambeziehungen analysieren und Potenziale freisetzen

Jedes Team produziert einen bestimmten Output. Wenn dieser Output nicht den angestrebten Zielen entspricht, muss nach Ursachen dafür gesucht werden. Diese Analyse kann sich auf die Arbeitsabläufe, Produktivität, Organisationsstruktur, Kostenverursacher, Motivationsfaktoren usw. beziehen. Wenn eine Führungskraft es nicht schafft, die vorhandenen Ressourcen zielführend einzusetzen, kann man aber auch eine Beziehungsanalyse heranziehen, um im Team vorhandene, aber noch blockierte Potenziale aufzudecken und nutzbar zu machen.

Die Analyse von Teambeziehungen wird nachfolgend anhand eines konkreten Beispiels dargestellt. Der Prozess beinhaltet folgende Schritte:

- ▸▸ Zusammensetzung Team zur Potenzial-Analyse
- ▸▸ Analyse von aktuellen positiven Teambeziehungen
- ▸▸ Analyse der störenden Beziehungen
- ▸▸ Ist-Teambeziehungen gesamt aufstellen und beschreiben (Festlegung der Beziehungsstruktur und der Machtverhältnisse)
- ▸▸ Soll-Teambeziehungen aufstellen und Maßnahmen ableiten (ideale Beziehungsstruktur in Zukunft definieren)
- ▸▸ Entwicklungsbedarf bei einzelnen Teammitgliedern festhalten
- ▸▸ Umsetzung der Entwicklungsmaßnahmen mit Evaluierung

Zusammensetzung Team zur Potenzial-Analyse

In unserem Beispiel analysiert das Führungskräfteteam eines mittelständischen Handelsunternehmens seine verdeckten Potenziale.

Ausgangslage:
- ▸▸ Umsatz stagniert auf hohem Niveau
- ▸▸ Spannen gehen bedenklich zurück
- ▸▸ Reklamationen häufen sich
- ▸▸ Mitarbeiterfluktuation hat stark zugenommen
- ▸▸ Regelmäßige Feedback-Prozesse finden nicht statt

Die 1. und 2. Führungsebene gehen für zwei Tage in einen Workshop, am besten außerhalb des Unternehmens. Dieser Workshop wird von einem externen Moderator geleitet. Das Team besteht aus dem Geschäftsführer des Unternehmens, dem Vertriebsleiter und den sechs Marktleitern.

Analyse von aktuellen positiven Teambeziehungen

Es werden zwei Gruppen gebildet, um die aktuellen Teambeziehungen aufzuarbeiten. Zur Veranschaulichung werden Spielzeugfiguren verwendet. Jede Person bekommt eine Figur zugewiesen. Jede Gruppe beschäftigt sich nun mit den Beziehungen zwischen den acht Teilnehmern bzw. Führungskräften des Unternehmens: Wie sehen die aktuellen Beziehungen aus und welche Auswirkungen haben sie?

Als erster Schritt erfolgt eine Analyse der besten Zweierbeziehungen zwischen den acht Führungskräften: Wer kann mit wem am besten?

Es kann sein, dass diese Beziehungen den Betroffenen noch gar nicht so bewusst sind, dass aber ihre Kollegen sich vorstellen können, dass sie gut zusammenpassen, sich ergänzen und fördern und somit auch erfolgreich zusammenarbeiten können.

 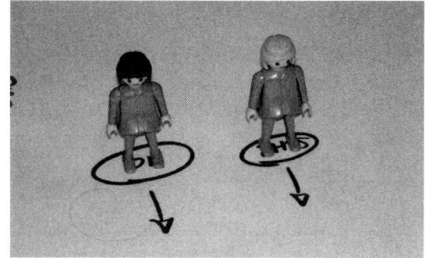

Wenn die Paare aufgestellt sind, werden folgende Fragen zu jedem Paar beantwortet:
- ▸▸ Was ist gut an dieser Beziehung?
- ▸▸ Was gehört verbessert?
- ▸▸ Welche Schwerpunkte könnten in Zukunft weiterentwickelt werden?
- ▸▸ Welche Blockaden hat die Beziehung?

    ▸▸ Welche Auswirkungen hat die Beziehung auf andere Beziehungen?
    ▸▸ Was passiert, wenn nichts passiert?
    ▸▸ Einschätzung der Teammitglieder nach Typologie

Anschließend werden im Plenum die Ergebnisse präsentiert und diskutiert. Konkrete Maßnahmen werden hier noch keine abgeleitet.

Analyse der störenden Beziehungen

Nun werden Zweierbeziehungen, die nicht gut funktionieren, unter die Lupe genommen. Warum kann der eine nicht mit dem anderen, obwohl sie eigentlich zusammenarbeiten sollten?

Falls es jemandem schwerfällt, offen zuzugeben, mit wem er nicht oder nur schlecht kann, werden die anderen Gruppenmitglieder aufgrund ihrer bisherigen Beobachtungen und Erfahrungen die Paare zusammenstellen, zwischen denen es offensichtlich Störungen gibt. Es ist in diesem gesamten Prozess erforderlich, dass eine große Offenheit herrscht, um zu guten Ergebnissen zu kommen. Es ist einerseits die Aufgabe des Moderators, diese Offenheit herauszufordern und eventuell auftretende Konflikte zu klären, andererseits wird sich im Laufe des Gruppenprozesses immer mehr Offenheit einstellen, wenn die Teilnehmer merken, welche positiven Erkenntnisse sie dabei gewinnen können.

Die gestörten Paarbeziehungen werden anhand folgender Fragen bearbeitet:
    ▸▸ Welche Spannungen gibt es?
    ▸▸ Wann und wie treten sie auf?
    ▸▸ Wie wirken sie sich aus?
    ▸▸ Gibt es unaufgearbeitete Altlasten?
    ▸▸ Welche Potenziale werden blockiert?
    ▸▸ Welche Probleme könnten gelöst werden, wenn die Beziehung besser funktionieren würde?
    ▸▸ Was passiert, wenn nichts passiert?
    ▸▸ Einschätzung der Teammitglieder nach Typologie

Die Ergebnisse werden wieder im Plenum präsentiert und diskutiert.

In unserem Beispiel haben sich nach diesen ersten Schritten folgende Erkenntnisse ergeben:
    ▸▸ Der Vertriebsleiter hat sich immer nur um zwei Marktleiter gekümmert.
    ▸▸ Die zwei jüngeren Marktleiter, die erst seit einem Jahr im Unternehmen sind, haben kaum Mitspracherechte.
    ▸▸ Gemeinsame Teambesprechungen werden schlecht vorbereitet und nur unregelmäßig vom Vertriebsleiter organisiert.
    ▸▸ Die Geschäftsleitung hat die gemeinsamen Vertriebssitzungen immer wieder verschoben.
    ▸▸ Es wurden bisher keine gemeinsamen Unternehmungen durchgeführt.
    ▸▸ Es gibt kein Feedback untereinander.
    ▸▸ Durch das regelmäßige Ranking der besten drei Märkte stehen die Marktleiter unter einem ständigen Erfolgsdruck.

Ist-Teambeziehungen gesamt aufstellen und beschreiben

In der nächsten Phase werden die Beziehungen aller acht Führungskräfte untereinander mit den Figuren dargestellt. Der Prozess bis zum fertigen Bild vermittelt viele Aha-Erlebnisse, Erkenntnisse und Verbesserungsansätze.

Die Erkenntnisse der Gruppen werden auf Flipchart zusammengefasst und dem Plenum präsentiert. Meist sind die Bilder der beiden Gruppen sehr unterschiedlich. Die Ergebnisse werden zur Kenntnis genommen, es werden aber noch keinerlei Maßnahmen abgeleitet. Es findet keine Diskussion der Ist-Situation statt, da sich der Prozess sonst hier festfahren könnte. Man würde im Ist hängen bleiben, was nichts bringt außer Schuldzuweisungen, Rechtfertigungen usw.

Teambild der Gruppe 1   Teambild der Gruppe 2

Soll-Team aufstellen und Maßnahmen ableiten

In dieser Phase erarbeiten alle acht Führungskräfte gemeinsam eine Aufstellung des Teams in Zukunft unter dem Motto: Wie müssen unsere Beziehungen aussehen, damit wir als Team mehr erreichen? Der Moderator zeichnet den Prozess mit Video auf.

In unserem Beispiel ergab sich folgendes Bild:
> ▸ Die Partner der sich als gut funktionierend herausgestellten Zweierbeziehungen (die bekannten und auch die, die bisher noch nicht so bewusst waren und sich erst im Prozess als solche herausgestellt haben) sollen aktiver zusammenarbeiten und sich gegenseitig bei auftretenden Schwierigkeiten und Problemen unterstützen. Diese Zweierbeziehungen übernehmen auch untereinander eine gewisse Coaching-Funktion. Dadurch werden der Vertriebsleiter und der Geschäftsführer entlastet.

> ▸ Das Team insgesamt wird den Kontakt ausbauen, z. B. durch regelmäßige gegenseitige Standortbesuche.
> ▸ Der Geschäftsführer kümmert sich mehr um die Außenbeziehungen (Markt, Mitbewerber, Zukunft); der Vertriebsleiter bleibt stark operativ nach innen tätig (Koordination, Umsetzung der Konzepte, Spielregeln einhalten etc.).

(Was passiert mit den gestörten Beziehungen? – Das Ziel des Prozesses ist es, die Stärken weiter auszubauen. Die Konzentration auf das, was funktioniert, soll alle gemeinsam zu einem besseren Miteinander führen. Die Freisetzung neuer Potenziale durch gestärkte gute Beziehungen auf der einen Seite kann dazu führen, dass gestörte Beziehungen auf der anderen Seite nun nicht mehr so blockieren wie vorher.)

Zur effizienten Umsetzung der neuen Teamstruktur wurden folgende Maßnahmen vereinbart:
> ▸ Ein weiterer gemeinsamer Workshop zum Thema Konfliktmanagement
> ▸ Anwendung des Beziehungsmodells auf der Mitarbeiterebene im jeweiligen Bereich
> ▸ Organisation einer gemeinsamen Aktivität (Radausflug)
> ▸ Gemeinsame Erfolgskontrolle: Erfahrungsaustausch in zwei Monaten

Entwicklungsbedarf bei einzelnen Teammitgliedern festhalten

Nach der Neuaufstellung des Teams erhält jede Führungskraft noch ein Feedback zur persönlichen Weiterentwicklung:
> ▸ Welche Potenziale/Stärken soll sie weiter ausbauen?
> ▸ Welche blockierenden Verhaltensweisen soll sie vermeiden?
> ▸ Bei welchen Themen wäre eine Weiterbildung förderlich?
> ▸ Wo soll in absehbarer Zeit eine Veränderung erkennbar werden?

Umsetzung der Entwicklungsmaßnahmen mit Evaluierung

Der Vertriebsleiter als Koordinator erstellt aus den Ergebnissen des Workshops einen Entwicklungsplan für jeden Marktleiter, organisiert notwendige Schulungen, Feedback-Prozesse usw. und kontrolliert laufend die Umsetzung.

2.5 Potenzial-Analyse zur Teamentwicklung

Ein in der Praxis gut anwendbares Instrument zur Erfassung des Potenzials der Mitarbeiter eines Teams und zur darauf aufbauenden Personalentwicklung ist die Portfolio-Technik.

Es gibt ein Koordinatenfeld mit den zwei Achsen Kompetenz und Engagement, die wiederum in die Bereiche nieder, mittel und hoch unterteilt sind. Daraus ergeben sich neun Bereiche, denen die Mitarbeiter zugeordnet werden können. Es wird festgelegt, was in jedem Bereich mit den zugeordneten Mitarbeitern zur Weiterentwicklung zu passieren hat. Zur Veranschaulichung werden die drei wichtigsten Bereiche dargestellt: Mitarbeiter mit hohem Engagement und hoher Kompetenz sind für die Übernahme von mehr Verantwortung geeignet, Mitarbeiter mit mittlerem Engagement und mittlerer Kompetenz werden im Rahmen eines Coaching- und Weiterbildungskonzeptes gefördert (dieser Bereich ist in alle Richtungen dehnbar, je nachdem, ob es bei den Mitarbeitern an Kompetenz oder Engagement fehlt), bei Mitarbeitern mit niedrigem Engagement und niedriger Kompetenz muss überlegt werden, ob Investitionen in ihre Weiterentwicklung noch sinnvoll sind.

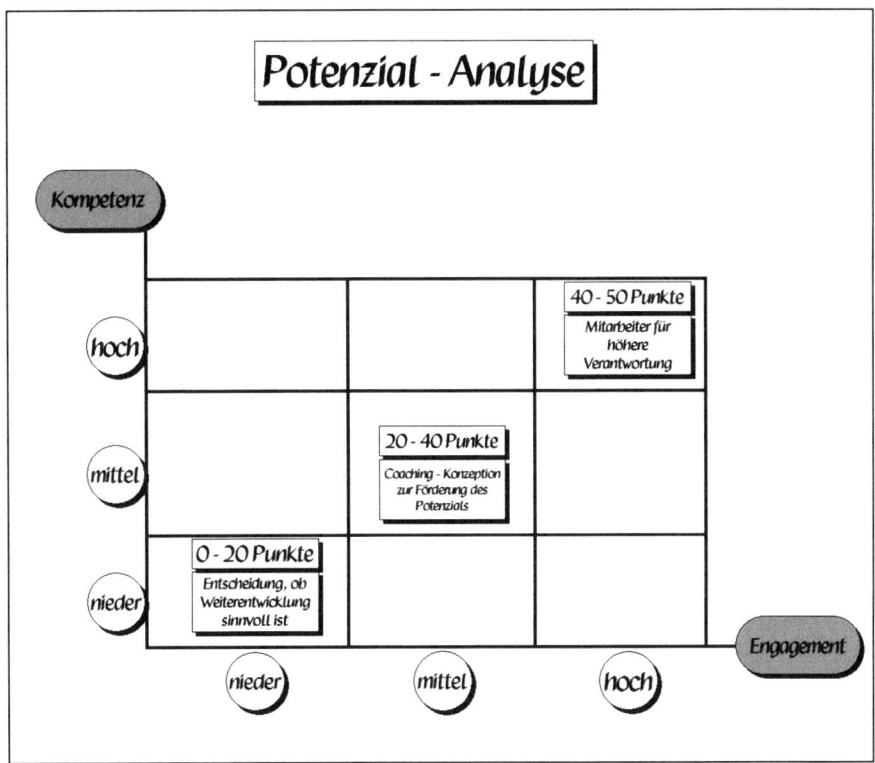

In der Praxis wird dabei so vorgegangen:

Bewertet werden ein Team oder alle Teams in einem Unternehmen, um das vorhandene Mitarbeiterpotenzial zu erfassen und die Personalentwicklungs-Maßnahmen des Unternehmens auf die tatsächlichen Entwicklungserfordernisse abzustimmen.

Die Mitarbeiter der Teams werden von ihren Vorgesetzten bewertet, und zwar hierarchisch von oben nach unten. Sie werden entsprechend ihrer Kompetenz und ihrem Engagement den neun Bereichen des Portfolios zugeordnet. Damit die Zuordnung einheitlich und nachvollziehbar erfolgt, müssen erst die Bewertungskriterien definiert werden. Diese werden von den Führungskräften des Unternehmens gemeinsam erarbeitet.

Für jede Achse werden fünf Kriterien festgelegt und inhaltlich beschrieben:

Kompetenzkriterien (Wie zeigt sich die Kompetenz eines Mitarbeiters?)	Engagementkriterien (Woran erkennen wir das Engagement eines Mitarbeiters?)
▶ Fachwissen ▶ EDV-Kenntnisse ▶ Wahrnehmung der Eigenverantwortung ▶ Teilnahme an Weiterbildungsveranstaltungen ▶ Wissen über Geschäftsprozesse	▶ Identifikation mit dem Unternehmen ▶ Wahrnehmung seiner Aufgaben in vollem Umfang ▶ Keine Fehlzeiten ▶ Freiwillige Mehrleistungen (Überstunden) ▶ Mitarbeit bei Projekten

Für jedes Kriterium können fünf Punkte vergeben werden, d. h. in Summe kann ein Mitarbeiter 50 Punkte erreichen. Jede Führungskraft bewertet nun ihre Mitarbeiter anhand dieser Kriterien durch die Vergabe von Punkten. Die Anzahl der Punkte bestimmt die Zuordnung zu den Einschätzungsebenen:

▶▶ Mitarbeiter für höhere Verantwortung geeignet: 40 bis 50 Punkte
▶▶ Coaching-Konzeption zur Förderung des Potenzials: 20 bis 40 Punkte
▶▶ Entscheidung, ob Weiterentwicklung sinnvoll ist: 0 bis 20 Punkte

Diese Punktebewertung dient als Unterstützung, damit die Mitarbeiter überhaupt in ein Bewertungsschema eingeordnet werden können. Die Punkte haben keine absolute Aussagekraft, denn die endgültige Zuordnung in das Portfolio erfolgt in einem Abstimmungsprozess der Führungskräfte. D. h. zum Beispiel, ein Gruppenleiter bewertet seine Mitarbeiter, stimmt aber die endgültige Zuordnung mit dem Abteilungsleiter ab.

Das Bild, das sich nun ergibt, zeigt das vorhandene Mitarbeiterpotenzial. Welche Maßnahmen beinhalten nun die Einschätzungsebenen?

Mitarbeiter für höhere Verantwortung geeignet:

▶▶ Analyse der Laufbahninteressen dieser Mitarbeiter
▶▶ Klärung der Bereitschaft zur Übernahme von höher qualifizierten Aufgaben
▶▶ Ist Interesse zur Übernahme von Führungsverantwortung vorhanden?
▶▶ Festlegung von Entwicklungsschwerpunkten
▶▶ Vereinbarung von Coaching-Maßnahmen

Coaching-Konzeption zur Förderung des vorhandenen Potenzials

- ▸▸ Analyse der aktuellen Stärken/Schwächen des Mitarbeiters
- ▸▸ Werden die derzeitigen Aufgaben im vollen Ausmaß wahrgenommen?
- ▸▸ Wo ist ungenutztes Potenzial vorhanden?
- ▸▸ Welche Blockaden sind zu beseitigen?
- ▸▸ Wie groß ist die Veränderungsbereitschaft?
- ▸▸ Gezielte Weiterbildungsmaßnahmen je nach Entwicklungsbedarf in den Bereichen Kompetenz und persönlicher Einsatz
- ▸▸ Vereinbarung von Coaching-Maßnahmen

Entscheidung, ob Weiterentwicklung sinnvoll ist

- ▸▸ Analyse der Stärken/Schwächen des Mitarbeiters
- ▸▸ Feststellung der vorhandenen Defizite in der gegenwärtigen Tätigkeit
- ▸▸ Ist überhaupt Potenzial zur Weiterentwicklung vorhanden?
- ▸▸ Ist ein Förderprogramm sinnvoll?
- ▸▸ Teilnahme an internen oder externen Schulungen zur Abdeckung der vorhandenen Defizite

Welche Konsequenzen lassen sich aus dem Portfolio ableiten?

- ▸▸ Akzeptanz der Einschätzung und Zuordnung durch alle Führungskräfte
- ▸▸ Entscheidung über Schwerpunkte und Prioritäten bei der Mitarbeiterentwicklung
- ▸▸ Erarbeitung von Förder- und Entwicklungsmaßnahmen
- ▸▸ Rückschluss auf Entwicklungsbedarf bei den Führungskräften, in deren Abteilungen vermehrt Mitarbeiter mit Kompetenz- und/oder Engagementmängeln zu finden sind
- ▸▸ Wie groß ist das Führungskräfte-Nachwuchspotenzial im Unternehmen? Wie entwickeln wir diese Mitarbeiter gezielt auf zukünftigen Nachwuchsbedarf hin?
- ▸▸ Überprüfung der Wirksamkeit bisheriger Personalentwicklungsmaßnahmen
- ▸▸ Erarbeitung einer den tatsächlichen Entwicklungserfordernissen angepassten Personalentwicklung

2.6 Team-Coaching

Das Coaching von Teams spielt zum einen im Rahmen der Entwicklung neu gebildeter Teams eine große Rolle. Das Coaching soll bewirken, dass sich die Teammitglieder schneller und besser auf die neue Teamsituation einstellen. Zum anderen kann Coaching auch bei bereits bestehenden Teams zu deren Entwicklung eingesetzt werden. Der Unterschied zwischen Teamentwicklung und Team-Coaching besteht darin, dass Teamentwicklung eher prozessorientiert abläuft, Team-Coaching dagegen eher ziel- und lösungsorientiert zu verstehen ist. Teamentwicklung ist ein permanenter Prozess, Team-Coaching hat mit der Lösung anstehender Probleme im Team zu tun, wobei es vielfach darum geht, Beziehungen im Team zu klären oder einzelne Teammitglieder gezielt weiterzuentwickeln.

Anlässe für Team-Coaching:

- ▸▸ Neugründung eines Teams
- ▸▸ Entwicklung einer Gruppe zum Team
- ▸▸ Konflikte im Team
- ▸▸ Motivationsprobleme der Teammitglieder
- ▸▸ Integration einer neuen Teamleitung
- ▸▸ Integration eines neuen Teammitglieds
- ▸▸ Zusammenlegung zweier oder mehrerer Teams
- ▸▸ Veränderungen im Unternehmen (Fusion, Verkauf etc.)
- ▸▸ Leistungssteigerung des Teams
- ▸▸ Aufgaben, Befugnisse, Verantwortung neu festlegen
- ▸▸ Strategische Ausrichtung des Teams
- ▸▸ Reflexion der Zusammenarbeit, Erkennen von Stärken und Schwächen
- ▸▸ Analyse von Potenzialen und Blockaden

Was macht einen guten Team-Coach aus?

Die Anforderungen an einen Team-Coach sind sehr umfassend. Die wichtigsten Qualifikationen lassen sich wie folgt zusammenfassen:

- ▸▸ Betriebswirtschaftliche Kompetenz
  - ▸ Budgetierung und Strategieentwicklung
  - ▸ Kenntnisse betriebswirtschaftlicher Strukturen, Abläufe und Zusammenhänge
  - ▸ Erfahrung mit Organisationen
  - ▸ Führungsverständnis, Führungserfahrung

- ▸▸ Feldkompetenz
  - ▸ Branchenkenntnis und Erfahrung
  - ▸ Kenntnisse über das Arbeitsfeld des Klienten

- ▸▸ Methodenkompetenz
  - ▸ Erfahrung mit Techniken der Gesprächsführung und Verfahren der Organisationsentwicklung
  - ▸ Moderationskompetenz
  - ▸ Skulpturarbeit
  - ▸ Methoden der Gruppenarbeit und Rollenspiele

- ▸▸ Psychologische Kompetenz
  - ▸ Wissen über kommunikative und interaktive Prozesse
  - ▸ Kenntnis von Teamdiagnose-Instrumenten
  - ▸ Durchführung von Gruppenprozessen und Teamdiagnosen
  - ▸ Wissen über menschliches Denken, Verhalten, Erleben und Führung

- ▸▸ Weitere Qualifikationen
  - ▸ Fähigkeit zur Entschlüsselung komplexer Sachverhalte
  - ▸ Hohe Konflikttoleranz
  - ▸ Intuitives Gespür für Menschen
  - ▸ Hohes Maß an Konsequenz und Selbstdisziplin

Praktische Beispiele für Team-Coaching-Prozesse:

Bestehendes Team bekommt neue Führungskraft

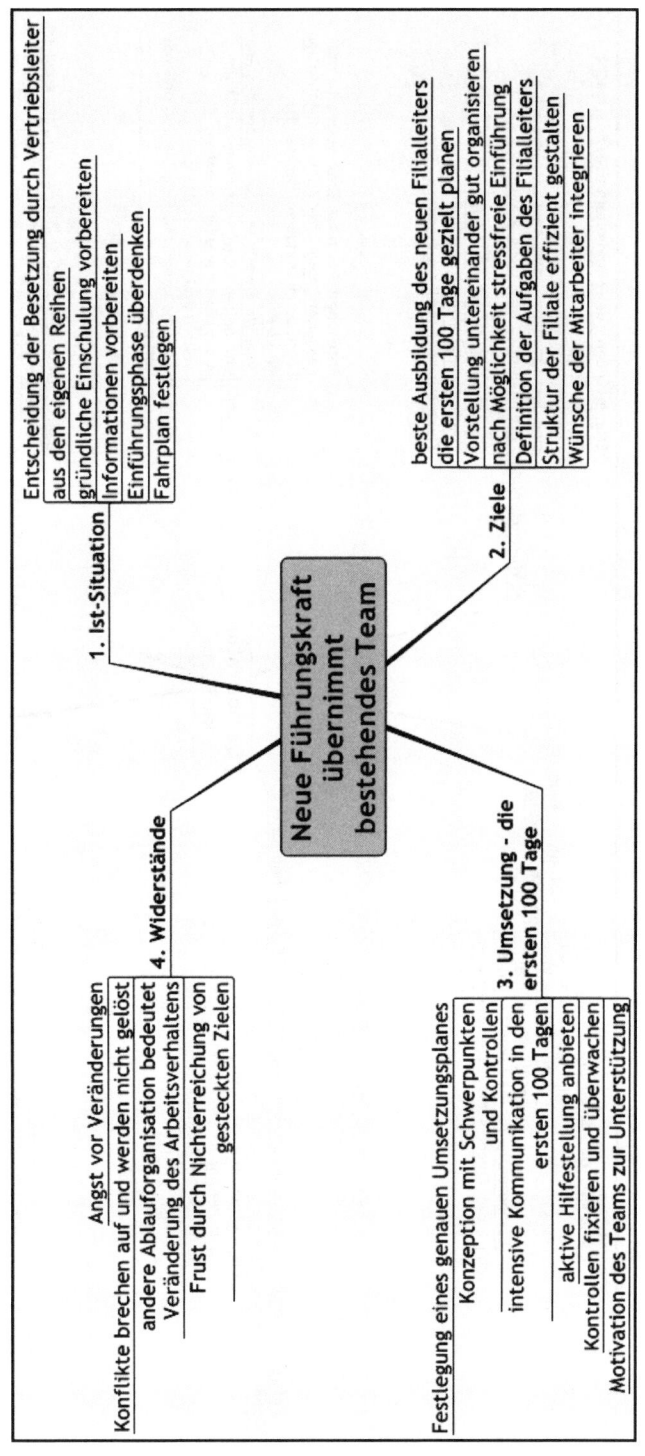

Neue Führungskraft übernimmt bestehendes Team

1. Ist-Situation

Entscheidung der Besetzung durch Vertriebsleiter aus den eigenen Reihen
gründliche Einschulung vorbereiten
Informationen vorbereiten
Einführungsphase überdenken
Fahrplan festlegen

2. Ziele

beste Ausbildung des neuen Filialleiters
die ersten 100 Tage gezielt planen
Vorstellung untereinander gut organisieren
nach Möglichkeit stressfreie Einführung
Definition der Aufgaben des Filialleiters
Struktur der Filiale effizient gestalten
Wünsche der Mitarbeiter integrieren

4. Widerstände

Angst vor Veränderungen
Konflikte brechen auf und werden nicht gelöst
andere Ablauforganisation bedeutet Veränderung des Arbeitsverhaltens
Frust durch Nichterreichung von gesteckten Zielen

3. Umsetzung - die ersten 100 Tage

Festlegung eines genauen Umsetzungsplanes
Konzeption mit Schwerpunkten und Kontrollen
intensive Kommunikation in den ersten 100 Tagen
aktive Hilfestellung anbieten
Kontrollen fixieren und überwachen
Motivation des Teams zur Unterstützung

Demotivation im Team

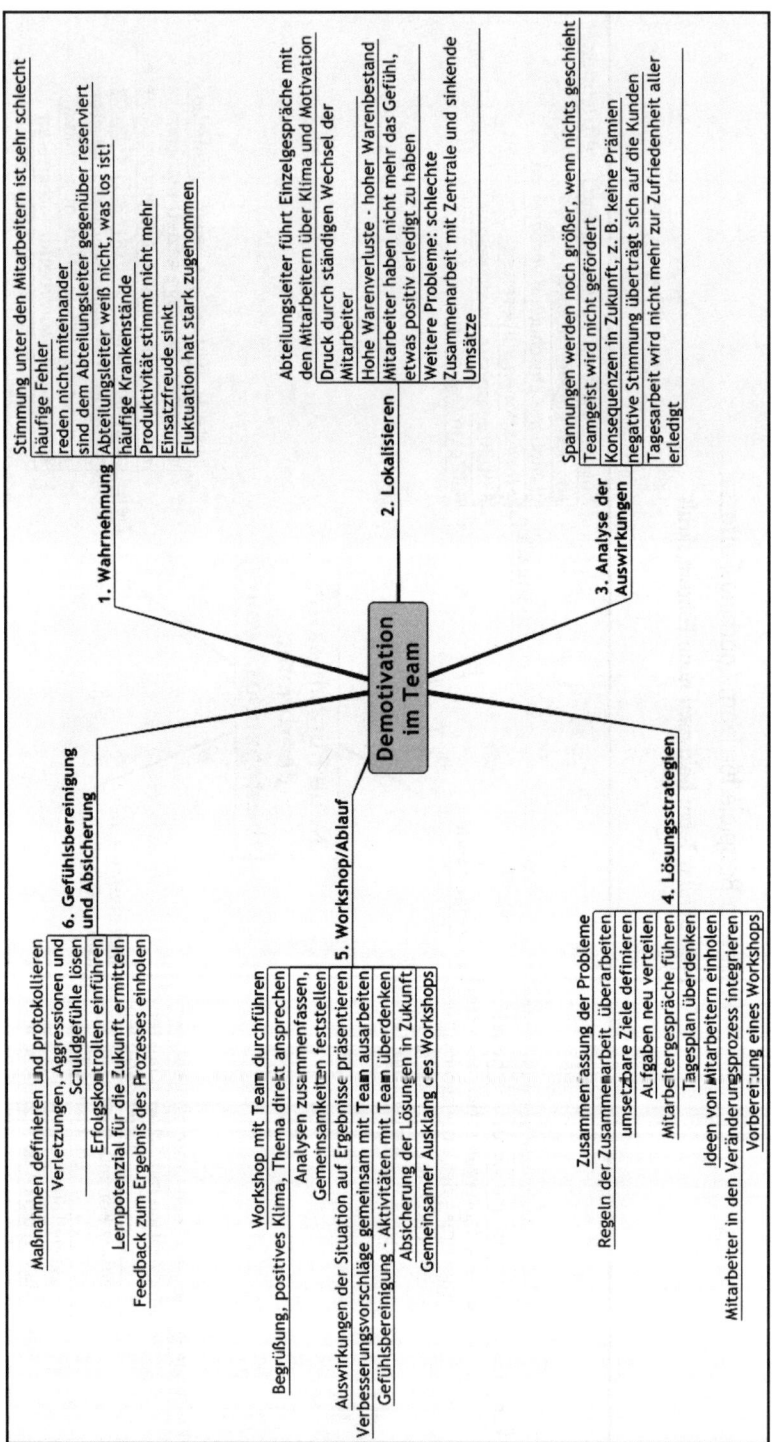

Integration eines neuen Mitarbeiters

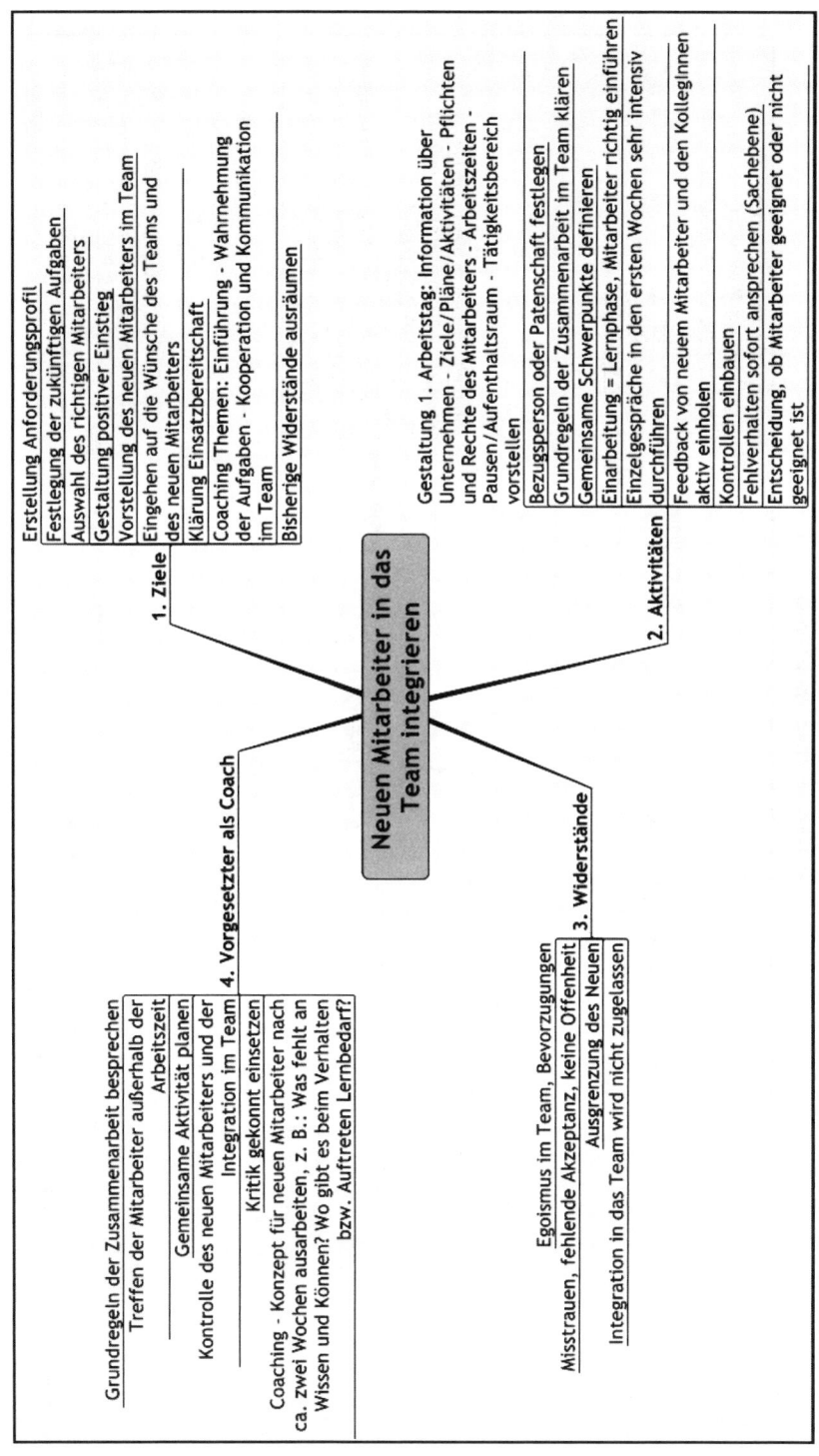

Neuen Mitarbeiter in das Team integrieren

1. Ziele

- Erstellung Anforderungsprofil
- Festlegung der zukünftigen Aufgaben
- Auswahl des richtigen Mitarbeiters
- Gestaltung positiver Einstieg
- Vorstellung des neuen Mitarbeiters im Team
- Eingehen auf die Wünsche des Teams und des neuen Mitarbeiters
- Klärung Einsatzbereitschaft
- Coaching Themen: Einführung - Wahrnehmung der Aufgaben - Kooperation und Kommunikation im Team
- Bisherige Widerstände ausräumen

2. Aktivitäten

- Gestaltung 1. Arbeitstag: Information über Unternehmen - Ziele / Pläne / Aktivitäten - Pflichten und Rechte des Mitarbeiters - Arbeitszeiten - Pausen / Aufenthaltsraum - Tätigkeitsbereich vorstellen
- Bezugsperson oder Patenschaft festlegen
- Grundregeln der Zusammenarbeit im Team klären
- Gemeinsame Schwerpunkte definieren
- Einarbeitung = Lernphase, Mitarbeiter richtig einführen
- Einzelgespräche in den ersten Wochen sehr intensiv durchführen
- Feedback von neuem Mitarbeiter und den KollegInnen aktiv einholen
- Kontrollen einbauen
- Fehlverhalten sofort ansprechen (Sachebene)
- Entscheidung, ob Mitarbeiter geeignet oder nicht geeignet ist

4. Vorgesetzter als Coach

- Grundregeln der Zusammenarbeit besprechen
- Treffen der Mitarbeiter außerhalb der Arbeitszeit
- Gemeinsame Aktivität planen
- Kontrolle des neuen Mitarbeiters und der Integration im Team
- Kritik gekonnt einsetzen
- Coaching - Konzept für neuen Mitarbeiter nach ca. zwei Wochen ausarbeiten, z. B.: Was fehlt an Wissen und Können? Wo gibt es beim Verhalten bzw. Auftreten Lernbedarf?

3. Widerstände

- Egoismus im Team, Bevorzugungen
- Misstrauen, fehlende Akzeptanz, keine Offenheit
- Ausgrenzung des Neuen
- Integration in das Team wird nicht zugelassen

Konflikt zwischen zwei Teams

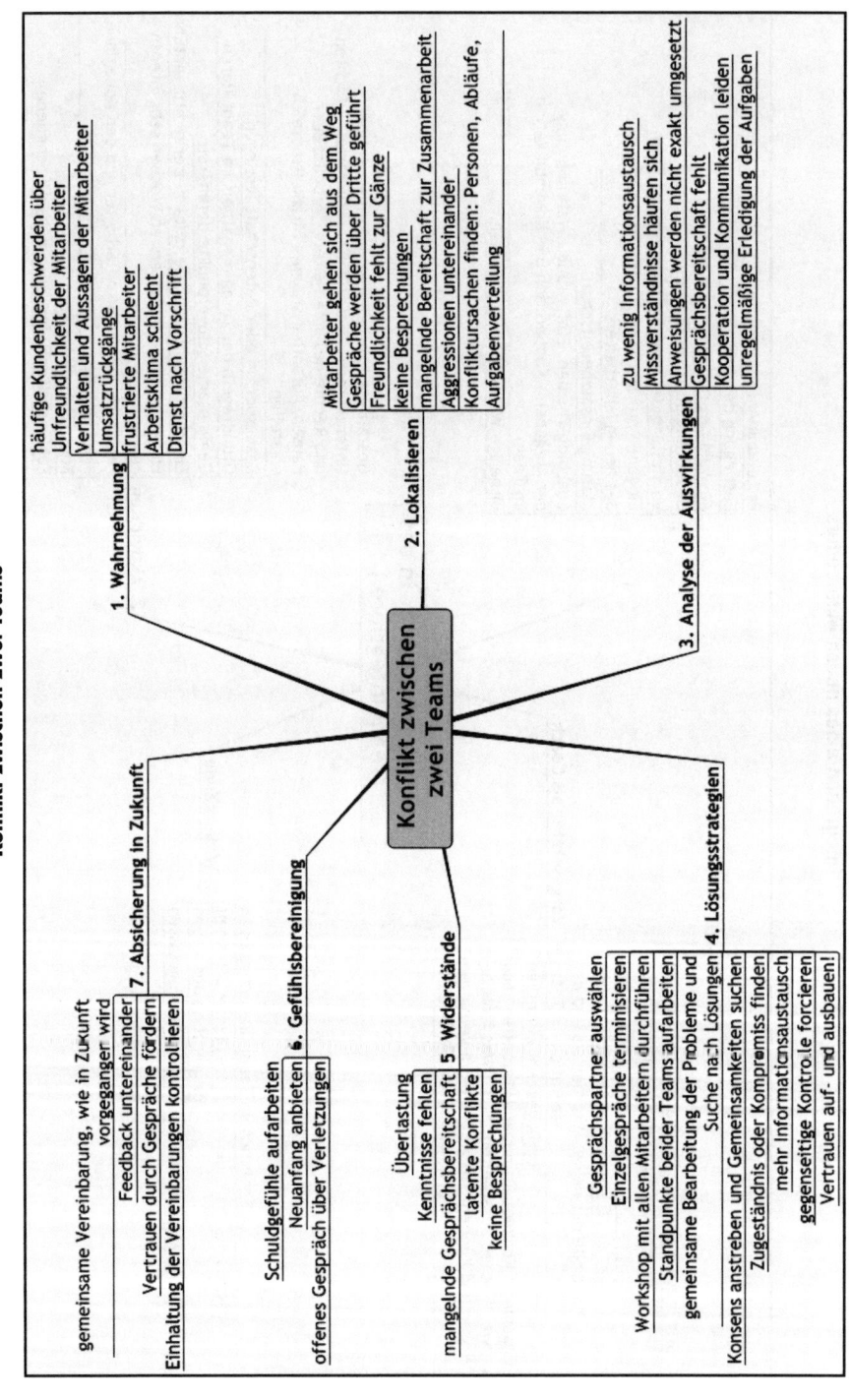

3. BESPRECHUNGEN ERFOLGREICH DURCHFÜHREN

Für viele Menschen steht der Begriff »Besprechung« für Ergebnislosigkeit, Langeweile und Frustration. Die negativen Erfahrungen beruhen meist darauf, dass Besprechungen nicht geplant werden, dass es keine Tagesordnung gibt oder niemand sich daran hält, dass alle durcheinander reden, niemand vorbereitet ist, sehr viel Zeit vergeht und keine Ergebnisse erreicht werden (was wiederum eine Besprechung notwendig macht).

Das führt zu unnötigem Zeitverlust bei Besprechungen:

- ➤ Keine klare Zielsetzung
- ➤ Unzureichende Vorinformation
- ➤ Unpünktlicher Beginn
- ➤ Ständig wechselnde Prioritäten
- ➤ Keine Struktur vorhanden
- ➤ Unentschlossenheit
- ➤ Langredner werden nicht gestoppt
- ➤ Kein roter Faden vorhanden
- ➤ Abschweifen von der Tagesordnung
- ➤ Unterbrechungen durch Störungen
- ➤ Falsche Teilnehmerzusammensetzung und -zahl
- ➤ Teilnehmer, die nicht mehr gebraucht werden, müssen bis zum Schluss ausharren

Jede Besprechung, sei es nun eine Mitarbeiterbesprechung oder eine Führungskräfterunde, kann effizient ablaufen, wenn die Teilnehmer und der Leiter der Besprechung einige Regeln beachten. Im Folgenden werden daher die wichtigsten Grundlagen für erfolgreiche Besprechungen erläutert.

3.1 Die Vorbereitung einer Besprechung

Ist die Besprechung überhaupt notwendig?

Da beinahe jede Führungskraft über Zeitmangel klagt, wäre es sinnvoll, vor der Abhaltung einer Besprechung zu überlegen, ob eine Zusammenkunft überhaupt notwendig ist.

Folgende Fragen sollten daher beantwortet werden:

- ➤ Ist unbedingt eine Besprechung erforderlich oder ließe sich das Ziel der Kommunikation durch
  - ▸ gut vorbereitete Telefonate,
  - ▸ Einzelgespräche,
  - ▸ schriftliche Kommunikation
  möglicherweise wirkungsvoller, zeitsparend und kostengünstig erreichen?

▸▸ Lässt sich die Besprechung rechtfertigen
  ▸ mit dem Gegenstand?
  ▸ mit den erreichbaren Ergebnissen?
  ▸ mit dem Zeitbedarf?
  ▸ mit den Erfahrungen früherer Besprechungen?

3.1.1 Die Ziele der Besprechung

Abhängig vom Ziel, das mit der Besprechung verfolgt wird, werden Themen, Ablauf, Zeit, Teilnehmer, Vorbereitung und Organisation unterschiedlich sein. Die Zielsetzung und der Anlass eines Meetings müssen klar definiert sein.

Folgende Arten von Besprechungen sind möglich:
  ▸▸ Planungsbesprechung
  ▸▸ Präsentation von Ergebnissen
  ▸▸ Präsentation von geplanten Maßnahmen
  ▸▸ Motivationsbesprechung
  ▸▸ Ideenfindungsbesprechung
  ▸▸ Erfahrungsaustausch
  ▸▸ Problemlösungsbesprechung

Um die Ziele auch wirklich zu erreichen, sollte man sich vor der genaueren Planung folgende Fragen stellen:
  ▸▸ Was soll am Ende der Besprechung herauskommen?
  ▸▸ Welche Probleme sollen gelöst sein?
  ▸▸ Für welche Maßnahmen sollen Methoden und Werkzeuge erarbeitet werden?
  ▸▸ Was soll jedem Teilnehmer im Einzelnen bekannt sein?
  ▸▸ Wofür soll jeder Teilnehmer gewonnen werden?
  ▸▸ Welche Widerstände können auftreten?
  ▸▸ Was soll jeder Teilnehmer nach der Besprechung anders machen als bisher?
  ▸▸ Wofür sollen die Entscheidungen gefallen sein?
  ▸▸ Was passiert, wenn die Ziele nicht erreicht werden?

3.1.2 Den Besprechungsablauf planen

Um die vorhandene Zeit möglichst effizient zu nutzen, wird der Ablauf einer Besprechung genau geplant, jedem einzelnen Thema wird eine genau bemessene Zeitspanne zugeteilt.

Beachten Sie dabei folgende Punkte:
  ▸▸ Welche Fragen sollen behandelt werden?
  ▸▸ Wie viel Zeit ist für jedes einzelne Thema erforderlich?
  ▸▸ Wie lange soll die Besprechung dauern? (Versuchen Sie, den Zeitplan realistisch aufzustellen. Denken Sie daran: Weniger ist oft mehr!)
  ▸▸ Zu welchem Zeitpunkt wird mit welchem Thema begonnen?
  ▸▸ Wie lange soll das Meeting dauern? (eine zeitliche Begrenzung fördert die Einhaltung der Sprechdisziplin)

Neben der Planung des zeitlichen und inhaltlichen Ablaufs ist die Zusammensetzung des Teilnehmerkreises zu überlegen:

▸▸ Welche Personen müssen unbedingt an der Besprechung teilnehmen, welche Personen sind noch zusätzlich (abhängig von der Zielsetzung) erforderlich? (Je größer die Gruppe, desto schwieriger wird die Moderation.)

▸▸ Welche Personen müssen während des ganzen Meetings dabei sein, wer kann nach bestimmten Tagesordnungspunkten gehen?

▸▸ Wer leitet die Besprechung?

▸▸ Welche Vorbereitungsunterlagen müssen an die Teilnehmer verschickt werden?

▸▸ Welcher Beitrag wird vom einzelnen Teilnehmer erwartet?

▸▸ Wer führt das Protokoll?

▸▸ Wer ist von den Ergebnissen der Besprechung zu informieren?

Damit die erforderlichen Teilnehmer auch bei der Besprechung anwesend sein können, sind Termin und Ort rechtzeitig bekannt zu geben. Die Ankündigung einer Besprechung sollte, auch wenn diese routinemäßig durchgeführt wird, immer den Zweck und die zu behandelnden Themen beinhalten, damit die Teilnehmer sich schon gedanklich damit beschäftigen können.

Bei der Festlegung von Besprechungsort und -zeit sollte unbedingt darauf geachtet werden, dass die Besprechung störungsfrei durchgeführt werden kann, d. h., dass die Durchstellung von Telefonaten unterbunden wird, die Handys abgeschaltet werden, eine wenn auch kurzfristige Abwesenheit von Teilnehmern untersagt wird usw.

Wesentlich zum Erfolg einer Besprechung trägt auch die Atmosphäre bei. Achten Sie dabei auf folgende Punkte:

▸▸ Ist der Besprechungsraum groß genug?

▸▸ Sind alle technischen Hilfsmittel vorhanden?

▸▸ Sind die Pausen gut geplant?

▸▸ Welche Verpflegung ist zu organisieren?

▸▸ Hat der Raum Tageslicht?

▸▸ Welche Tischordnung soll vorbereitet werden?

3.1.3 Die Vorbereitung der Teilnehmer

Die Effizienz einer Besprechung hängt wesentlich von der Vorbereitung der Teilnehmer ab. Die Erfahrung zeigt, dass Besprechungen oft ohne Vorinformation oder Vorbereitung durchgeführt werden und dann sehr viel Zeit vergeht, bis alle Teilnehmer den gleichen Informationsstand haben und mit der eigentlichen Besprechung begonnen werden kann.

Berücksichtigen Sie daher bei der Planung einer Besprechung folgende Punkte:

▸▸ Welche Informationen müssen der Besprechungsleiter oder auch die Teilnehmer schon vor der Besprechung erhalten, damit die Besprechung überhaupt Sinn hat?

▸▸ Welches Basismaterial ist vorher zu studieren?

▸▸ Wer hat was im Einzelnen vorzubereiten?

▸▸ Was hat der einzelne Teilnehmer mitzubringen?

▸▸ Wer hat welche Aufgaben in der Besprechung zu übernehmen?

- ▸▸ Wer hat was zu präsentieren?
- ▸▸ Wer erinnert die Teilnehmer kurz vor der Besprechung noch einmal an ihre Vorbereitungsarbeiten?
- ▸▸ Welche Unterlagen werden während der Besprechung ausgehändigt?
- ▸▸ Welches Material ist visuell aufzubereiten?
- ▸▸ Für welche zu erwartenden Fragen sind Antworten und Argumente vorzubereiten?
- ▸▸ Welche Hindernisse und Störungen können auftreten, und wie können sie beseitigt werden?

Die notwendigen Vorbereitungsarbeiten der Teilnehmer müssen diesen rechtzeitig bekannt gegeben werden. Am besten gleichzeitig mit der Einladung und der Tagesordnung.

Die Tagesordnung oder Agenda einer Besprechung

Bei Routinebesprechungen sollte der erste Tagesordnungspunkt immer die »Genehmigung des Protokolls des letzten Meetings« sein. Als letzter Tagesordnungspunkt sollte die konkrete Vereinbarung des nächsten Besprechungstermins angeführt werden.

Wenn die Teilnehmer von sich aus Tagesordnungspunkte einbringen können, dann könnte mit der Einladung ein Formular »Besprechungsagenda« verschickt werden, in dem die Teilnehmer gewünschte Tagesordnungspunkte angeben. Dieses Formular ist rechtzeitig vor dem Besprechungstermin dem Verantwortlichen für die Tagesordnung zuzustellen, damit dieser die Punkte noch in der Zeitplanung berücksichtigen kann.

3.1.4 Die Organisation einer Besprechung

Sie können folgendes Formular verwenden, um bei der räumlichen und zeitlichen Organisation einer Besprechung den Überblick zu bewahren:

Besprechungs-/Sitzungsorganisation

Besprechung am, von – bis:	Verantwortlicher, Leitung:
Thema, Gesamtziel:	Teilnehmer, Anzahl:
Ort, Raum (Größe, Anzahl):	Reserviert am:

Ausstattung:	Notwendige Anzahl	Vorhandene Anzahl	Organisiert am	Organisiert durch
Pinnwände, Papier				
Moderationskoffer				
Flipchart, Papier				
Overheadprojektor				
Folien, Stifte				
Diaprojektor				
Videokamera				
Fernseher				
Beamer				
Mikrofon				
.....				
.....				

Tischordnung:	Bewirtung:
○ Sitzreihen	○ Kaffee, Tee, kalte Getränke für _ _ _ Personen bestellt
○ U-Form	○ Imbiss für _ _ _ Personen bestellt
○ Sesselkreis ohne Tische	○ Mittagessen für _ _ _ Personen bestellt
○ Sonstiges:	○ Sonstiges:

Einladung und Tagesordnung:	Nachbereitung:
○ Termin vereinbart	○ Protokoll erstellt
○ Einladung verschickt	○ Protokoll verschickt
○ Tagesordnung verschickt	○ Betroffene Bereiche informiert
○ Vorbereitungsunterlagen verschickt	○ Aufgabenkontrolle erledigt

Oder Sie verwenden folgende Checkliste:

Checkliste: Vorbereitung eines Meetings

Zeit:	
▸ Wann findet das Meeting statt?	
▸ Wie lange soll es dauern?	
▸ Wie viele Pausen werden wann eingelegt?	
▸ Wann erfolgt die Einladung der Teilnehmer?	

Teilnehmer:	
▸ Wer soll am Meeting teilnehmen?	
▸ Wer sollte nur in bestimmten Phasen anwesend sein?	
▸ Terminabstimmung Teilnehmer	
▸ Wer wird das Meeting leiten bzw. moderieren?	
▸ Wer wird das Protokoll führen?	
▸ Ist ein Dolmetscher notwendig?	

Inhalt:	
▸ Welche Themen kommen auf die Tagesordnung?	
▸ Welche Ziele sollen erreicht werden?	
▸ Welche Unterlagen muss ich vorbereiten?	
▸ Welche Unterlagen müssen die Teilnehmer vorbereiten?	

Ort, Raum:	
▸ Wo findet das Meeting statt?	
▸ Wie groß muss der Raum sein?	
▸ Werden noch zusätzliche Räume benötigt?	
▸ Ist eine Verdunkelung möglich?	
▸ Wie soll die Bestuhlung aussehen?	
▸ Welche Medien sind vorhanden?	
▸ Welche Medien sind zu reservieren?	
▸ Welche Medien müssen selbst mitgebracht werden?	
▸ Wer bereitet bis wann die Räume vor?	

Medien:	
▸ Sind Mikrofone notwendig und vorhanden?	
▸ Wie viele Flipcharts sind vorzubereiten?	
▸ Wie viele Pinnwände sind aufzustellen?	
▸ Ist ausreichend Papier vorhanden?	
▸ Welches Moderationsmaterial wird benötigt? (Stifte, Karten usw.)	
▸ Welche Medien werden noch benötigt?	
▸ Wie sieht die Stromversorgung aus (Steckdosen, Verlängerungskabel usw.)?	
▸ Steht ein Techniker zur Verfügung?	

3.2 Besprechungen professionell leiten

In einer Besprechung/Sitzung/Meeting wird man als Leiter für alle sichtbar und spürbar. Die Teilnehmer merken sofort, ob der Besprechungsleiter die Dinge im Griff hat oder nicht. Man kann sich hier durch sein Vorgehen und Auftreten Respekt verschaffen oder ihn verlieren.

3.2.1 Regeln für den Besprechungsleiter

Folgende Tipps und Regeln sollte sich vor allem der Besprechungsleiter einprägen:

- ▸▸ Fangen Sie pünktlich an.
- ▸▸ Begrüßen Sie jeden, stellen Sie Kontakt zwischen den Teilnehmern her.
- ▸▸ Nennen Sie die Ziele der Besprechung.
- ▸▸ Erläutern Sie Ablauf und Zeitplan.
- ▸▸ Besprechen Sie die Tagesordnung als Fahrplan für den Besprechungsablauf.
- ▸▸ Geben Sie an, welche Aktivitäten im Anschluss an die Besprechung geplant sind.
- ▸▸ Sorgen Sie für die Einhaltung der Tagesordnung.
- ▸▸ Sagen Sie, wann Pausen stattfinden (Leistungskurve!).
- ▸▸ Vereinbaren Sie ein Rauchverbot im Besprechungsraum; geraucht werden kann in den Pausen.
- ▸▸ Schalten Sie vorbeugend Störungen, insbesondere Telefonate, aus.
- ▸▸ Sorgen Sie dafür, dass die Teilnehmer nicht einer nach dem anderen verschwinden, da sie angeblich »dringend gebraucht werden«.
- ▸▸ Vereinbaren Sie mit den Teilnehmern Grundregeln, die in der Kommunikation und Kooperation von allen einzuhalten sind.
- ▸▸ Seien Sie sich von Anfang an bewusst, dass die Zeit knapp ist; verschwenden Sie daher keine Zeit im Anfangsstadium der Besprechung.
- ▸▸ Besprechen Sie den Erledigungsstand des letzten Protokolls. Offene Punkte bleiben im Protokoll und werden mit neuen Terminen versehen.
- ▸▸ Geben Sie bekannt, wie viel Redezeit für jeden vorgesehen ist.
- ▸▸ Sprechen Sie selbst nur das absolute Minimum. Als Besprechungsleiter sollten Sie höchstens 10 % der Zeit sprechen, die restlichen 90 % sind für die Teilnehmer da.

- Sie sind nicht der Hauptlieferant von Beiträgen. Sie sind verantwortlich dafür, dass die anderen Beiträge liefern.
- Ist Kreativität gefragt, zerstören Sie sie nicht durch Ihr Verhalten. Entmutigen und langweilen Sie die Teilnehmer nicht.
- Nutzen Sie nicht die Macht Ihrer Position aus. Machen Sie die Teilnehmer nicht zu Mitläufern.
- Treten Sie als Schiedsrichter auf. Sorgen Sie dafür, dass die Regeln der Kommunikation und Kooperation eingehalten werden.
- Reißen Sie die Besprechung nicht an sich, bestimmen Sie aber die Ziele, die Dauer, die Kooperationsregeln, die Mitwirkung aller, den Verlauf.
- Halten Sie die anderen nicht für unfähig, sondern fördern Sie ihre Beiträge.
- Gehen Sie nicht von der Vorstellung aus, die anderen wüssten überhaupt nicht, was relevant ist (die anderen verwirren sich nur selbst mit ihren eigenen Worten; solange ich das Wort habe, kann nichts passieren). Denn wenn Sie so denken, wird tatsächlich nichts passieren!
- Vermitteln Sie kollektive Erfolgserlebnisse und nicht nur individuelle.
- Lassen Sie nicht zu, dass jemand in die Verteidigung gedrängt wird, denn sonst sitzen einige Teilnehmer nur noch da und schmieden Vergeltungspläne.
- Vermeiden Sie Gesichtsverluste. Niemand sollte persönlich angegriffen werden.
- Verhindern Sie, dass einzelne Teilnehmer laufend negative Kommentare abgeben. Fordern Sie diese Teilnehmer auf, Farbe zu bekennen, vernünftige Argumente vorzubringen oder den Mund zu halten.
- Verhindern Sie Ungeduld und Rivalitäten.

Als Besprechungsleiter haben Sie die Aufgabe, gemeinsam mit den Teilnehmern die angestrebten Ergebnisse zu erreichen. Sie müssen darauf achten, dass der Ablauf eingehalten wird und jeder Teilnehmer mitwirken kann und gehört wird. Viele Menschen neigen – bewusst oder unbewusst – dazu, sich nur vage zu äußern. So kommt man nicht oder nur sehr langsam zu Ergebnissen. Der Besprechungsleiter kann zum Vorwärtskommen und Konkretisieren von Aussagen durch gezielt gestellte Fragen wesentlich beitragen.

Steuerungsfragen des Besprechungsleiters:
- Woran denken Sie konkret?
- Könnten Sie uns dafür ein Beispiel nennen?
- Wie oft kommt das vor?
- Kommt auch das Gegenteil vor?
- Wo und bei wem ist dies nicht der Fall?
- Wie groß ist die finanzielle/zeitliche Bedeutung?
- Von welchen Voraussetzungen gehen Sie bei Ihrer Aussage aus?
- Wie kommen Sie jetzt darauf?
- Was haben Sie bisher getan, um damit fertig zu werden?
- Was möchten Sie konkret erreichen?
- Welche Personen, Vorkommnisse meinen Sie nun konkret?

- ▸▸ Können Sie das, was Sie sagen wollen, einmal ganz einfach formulieren?
- ▸▸ Warum bringen Sie diesen Punkt gerade jetzt?
- ▸▸ Welche Fragen wollen wir jetzt konkret lösen?
- ▸▸ Welches Ziel wollen wir jetzt konkret ansteuern?
- ▸▸ Bringt uns das, was wir jetzt besprechen, näher an unser Ziel heran?
- ▸▸ Wie viel Zeit wollen wir für dieses Thema jetzt noch aufwenden?
- ▸▸ Sind wir in diesem Punkt einer Meinung?
- ▸▸ Welche wichtigen Aspekte sind noch nicht angesprochen worden?
- ▸▸ Gibt es etwas, was Sie besonders fürchten?
- ▸▸ Was müssen wir noch beachten?

3.2.2 Typische Störungsfälle

Störungen durch Besprechungsteilnehmer wird man nie ganz vermeiden können. Im Folgenden werden daher die am häufigsten auftretenden Störungen bei Besprechungen/Vorträgen/Präsentationen samt dazugehöriger Lösungsmöglichkeiten behandelt.

Störung	Behandlung
▸ Mehrere Fragen auf einmal	Stoppen Sie die Meldung nach der ersten Frage. Wenn das nicht möglich ist: Beantworten Sie jene Frage, die Ihnen am interessantesten erscheint.
▸ Die endlose Frage (eine Frage, die mehr als zehn Sekunden dauert, ist meist schon ein kleines Referat)	Unterbrechen Sie freundlich, aber bestimmt: »Bitte versuchen Sie, Ihre Frage möglichst kurz zu fassen, es gibt noch andere Wortmeldungen.«
▸ »Ich habe eine ganz dumme Frage« (meist wird damit ein Angriff auf eine fundamentale Aussage eingeleitet)	Vorsicht, wenn es sich um einen Fachmann handelt. Signalisieren Sie Anerkennung: »Dies ist keine dumme Frage, sondern ein ganz wichtiger Punkt.« Versuchen Sie, durch eine kurze Wiederholung Ihrer Basisannahmen den Angriff abzublocken.
▸ Die Privatdiskussion	Sobald sie für alle Zuhörer merkbar wird, müssen Sie etwas tun. Schulmeistern Sie jedoch nicht. Machen Sie zunächst die störenden Teilnehmer durch Augenkontakt oder indem Sie aufhören zu sprechen darauf aufmerksam, dass sie stören. Wenn das nichts nützt, fordern Sie sie auf, ihre interessante Diskussion auch den anderen zugänglich zu machen.
▸ Der ungebetene Kommentar	Ein Profilierungswunsch eines Teilnehmers darf nicht auf Ihre Kosten gehen. Unterbrechen Sie: »Wie lautet Ihre Frage?« Oder danken Sie ihm für den Kommentar, ohne näher darauf einzugehen, und erteilen Sie dem nächsten Fragesteller das Wort.

▸ Fakten werden bezweifelt	Wer das tut, muss Ihnen nicht unbedingt eine schlechte Vorbereitung vorwerfen, sondern kann ganz einfach einen anderen Informationsstand haben. Lassen Sie den anderen seine Quellen nennen, oft klärt sich damit schon der Sachverhalt. Beharrt der Kritiker auf der Unstimmigkeit, dann müssen Sie Ihr Material verteidigen, besonders wenn es für Ihre zentrale Aussage von Bedeutung ist.
▸ »Wenn ich Sie richtig verstanden habe ...«	Wird eine Frage so formuliert, weil Ihnen der Fragende etwas unterschieben will, dann korrigieren Sie die Formulierung und wiederholen Ihren Standpunkt bzw. Ihre Informationen.

3.2.3 »Ideenmord« bei Besprechungen

In jeder Besprechung gibt es Teilnehmer, die konstruktiv arbeiten und Ideen liefern, und andere, die ihre Hauptaufgabe darin sehen, konstruktive Beiträge und Ideen ihrer Kollegen zu vernichten. Hinter diesem Verhalten steckt oft das Motiv, zukünftige Aktivitäten zu verhindern.

Manche dieser Leute sind professionelle Bremser, die besondere Waffen einsetzen. Sie verwenden Standardeinwände, reine Überschriften ohne Inhalt und Beweise. Diese Formulierungen und die dahintersteckende Absicht zu erkennen, ist der erste Schritt zur Ausschaltung dieser Störer. Am besten begegnet man ihnen, indem man, je nach Situation, auf diese Phrasen nicht näher eingeht oder sie dazu zwingt, sich konkreter, mit stichhaltigen Argumenten zu äußern, oder indem man Gleiches mit Gleichem vergilt.

Einige Killerphrasen dieser »Ideenmörder«:
- ▸▸ Das versuchen Sie mal bei der Art unserer Kunden/Mitarbeiter.
- ▸▸ Das geht vielleicht in Amerika, bei uns sind die Verhältnisse doch ganz anders.
- ▸▸ Die Konkurrenz lacht sich tot, wenn sie hört, was wir vorhaben.
- ▸▸ In der Theorie haben Sie völlig Recht, aber in der Praxis sieht das völlig anders aus.
- ▸▸ Das haben wir schon einmal versucht, und es hat nicht funktioniert.
- ▸▸ Das haben wir in den 20 Jahren, die ich nun schon dabei bin, nie so gemacht.
- ▸▸ Es ist völlig unnötig, darüber zu reden. Das machen wir doch schon seit Jahren.
- ▸▸ Für so etwas haben wir keine Zeit.
- ▸▸ Dass dieser Vorschlag von Ihnen kommt, wundert mich überhaupt nicht.
- ▸▸ Wie lange sind Sie jetzt eigentlich bei uns?
- ▸▸ Vielleicht sollten Sie auch daran denken, dass es Ausnahmen gibt.
- ▸▸ Das ist doch ein alter Hut. Diese Idee geistert hier schon seit Jahren herum.
- ▸▸ Lassen Sie uns doch wieder in die Wirklichkeit zurückkehren.
- ▸▸ Das können Sie der Geschäftsleitung nie verkaufen.
- ▸▸ Kennen Sie eine seriöse Firma, die das schon einmal probiert hat?
- ▸▸ Gibt es bei uns wirklich keine wichtigeren Probleme?

- ▸▸ Das ist doch reine Geld-/Zeitverschwendung.
- ▸▸ Wem nützt das eigentlich wirklich?
- ▸▸ Ich weiß nicht, woher Sie Ihre Erfahrungen nehmen.
- ▸▸ Das funktioniert doch sowieso nicht.
- ▸▸ Als Fachmann muss ich dazu sagen ...

Anstatt zu »killen« werden nach der kreativen Arbeit die Ideen und Lösungsvorschläge auf ihre Realisierbarkeit überprüft. Hier können nun begründete Vorbehalte ausgesprochen und diskutiert werden. Dies erfordert eine strikte Struktur der Besprechung und Einhaltung der Disziplin durch die Teilnehmer.

3.2.4 Ratschläge für Besprechungsteilnehmer

Spielregeln, die für das Verhalten in Besprechungen gelten, wurden schon angesprochen. Auch wenn nicht ausdrücklich Regeln vereinbart werden, gibt es einige Verhaltensweisen, deren Beachtung den Erfolg jedes einzelnen Besprechungsteilnehmers und der Besprechung selbst fördern. Die im Folgenden angeführten Ratschläge sind für Personen, die es verstehen, mit anderen Menschen konstruktiv zusammenzuarbeiten, ohnehin eine Selbstverständlichkeit.

- ▸▸ Bereiten Sie sich auf die Besprechung vor und halten Sie ein, was Sie versprochen haben.
- ▸▸ Wenn Sie Informationsunterlagen vorbereiten, bringen Sie genügend Exemplare für die anderen mit.
- ▸▸ Bereiten Sie Ihr Informationsmaterial verständlich und übersichtlich vor.
- ▸▸ Helfen Sie, Zeit zu sparen.
- ▸▸ Helfen Sie mit, schneller zum Ziel zu kommen.
- ▸▸ Tragen Sie zu einer freundlichen Atmosphäre bei.
- ▸▸ Bedanken Sie sich für die Beiträge anderer.
- ▸▸ Antworten Sie auf das, was Ihr Vorredner gesagt hat.
- ▸▸ Ereifern Sie sich nicht.
- ▸▸ Belehren Sie die anderen nicht.
- ▸▸ Verzichten Sie auf herabsetzende Kommentare.
- ▸▸ Reden Sie den anderen nicht dazwischen. Melden Sie sich mit Handzeichen zu Wort.
- ▸▸ Reißen Sie Diskussionen nicht an sich.
- ▸▸ Reden Sie nur, wenn Sie damit zum Ergebnis beitragen können.
- ▸▸ Reden Sie nicht um den heißen Brei herum. Werden Sie konkret, bringen Sie Fakten/Zahlen usw.
- ▸▸ Verwenden Sie keine Killerphrasen.
- ▸▸ Präsentieren Sie nicht eine Ausnahme nach der anderen, womit Sie Lösungen behindern, die ja für den Regelfall gedacht sind.
- ▸▸ Bringen Sie wesentliche Einwände, bevor ein Beschluss gefasst wird. Fangen Sie nicht im Nachhinein an, Ihre Bedenken zu äußern.
- ▸▸ Verhalten Sie sich diszipliniert, führen Sie keine Privatgespräche.
- ▸▸ Machen Sie sich Notizen, vor allem über von Ihnen gemachte Versprechen.

3.3 Das Besprechungsprotokoll

Beschlüsse herbeizuführen ist zwar oft nicht leicht, sie zu realisieren ist aber um vieles schwieriger. Verlassen Sie sich nicht darauf, dass die in der Besprechung gefassten Beschlüsse und Maßnahmen nun auch wirklich umgesetzt werden. Sie müssen nachfassen und kontrollieren. Führungskräfte werden nicht für ihre Entscheidungen bezahlt, sondern für deren Realisierung.

Es empfiehlt sich, über jede Besprechung ein Protokoll zu erstellen und dieses an alle Teilnehmer zu verteilen. Je nach Art und Umfang der Besprechung kann dies ein formelles Protokoll sein oder auch nur einige Notizen. Das hat nichts mit Bürokratie zu tun, sondern mit wirksamer Arbeit. Eine effektive Führungskraft verlässt sich nicht auf das eigene Gedächtnis und das der Kollegen, Mitarbeiter und Vorgesetzten. Dinge aufzuschreiben heißt: den Kopf für anderes frei haben und für Klarheit sorgen. Ein Protokoll gewährleistet daher, dass sich jeder daran erinnert, welche Themen besprochen und welche Beschlüsse gefasst wurden, welche Maßnahmen mit welcher Terminsetzung vereinbart wurden. Ein Besprechungsprotokoll sollte kurzgehalten sein und spätestens eine Woche nach dem Besprechungstermin bei allen Teilnehmern angekommen sein.

Besprechungsprotokoll

Thema:	Besprechungsort:
Datum:	Protokollnummer: Protokoll erstellt von:
Teilnehmer:	Verteiler:

Anlagen:				
Erg.-Nr:	Kurzzeichen: *	Ergebnis/Maßnahmen:	Wer/bis wann:	Erledigt am:

* Kurzzeichen: A = Auftrag, B = Beschluss, E = Empfehlung, F = Feststellung

Mit jedem Besprechungsprotokoll kann auch eine Liste »Offene Protokollpunkte« mitgeführt werden. Diese Liste beinhaltet jene Themen, die aus vorhergehenden Protokollen noch nicht bearbeitet wurden oder noch nicht abgeschlossen sind. Themen, die aus bestimmten Gründen nicht mehr weiterverfolgt werden sollen, können nur mit Zustimmung aller Teilnehmer von dieser Liste genommen werden.

Checkliste Besprechungsprotokoll:

- ➠ Bestimmen Sie bereits vor der Besprechung einen Protokollführer, wenn Sie das nicht selbst übernehmen.
- ➠ Sorgen Sie dafür, dass das Protokoll Entscheidungen enthält und nicht nur den Verlauf dokumentiert.
- ➠ Formulieren Sie klar und deutlich, was entschieden wurde.
- ➠ Vergeben Sie eindeutige Zuständigkeiten und Termine für die Erledigung der Entscheidungen.
- ➠ Informieren Sie Mitarbeiter, denen in der Besprechung konkrete Aufgaben übertragen wurden, und erklären bzw. begründen Sie die Beschlüsse.
- ➠ Informieren Sie Personen und Bereiche von Entscheidungen, die sie betreffen.
- ➠ Kontrollieren Sie die Umsetzung der getroffenen Entscheidungen entweder in der nächsten Besprechung oder anhand fixierter Kontrolltermine.
- ➠ Fixieren Sie am Ende einer Besprechung gleich den Termin für die nächste Besprechung und halten Sie diesen im Protokoll fest.

3.4 Feedback zur Mitarbeiterbesprechung

Wenn Mitarbeiterbesprechungen zur Routine werden, kann das durchaus positiv sein, da alles geregelt ist und man sich darauf einstellen kann. Es besteht jedoch die Gefahr, dass man nicht mehr so aufmerksam und aktiv dabei ist. Das Interesse, etwas Neues oder Herausforderndes zu probieren, schwindet. Durch die Routine erkennt man oft Wünsche und Meinungen der Besprechungsteilnehmer nicht mehr. Die Mitarbeiter werden im Lauf der Zeit unzufrieden und lehnen sich zurück.

Was denken die Mitarbeiter? Sind sie noch motiviert, konstruktiv etwas beizutragen? Möchten sie mehr Informationen? Möchten sie ihre Ideen mehr einbringen können?

Sie können aktiv Feedback zu durchgeführten Besprechungen einholen, um Verbesserungsmöglichkeiten zu erkennen. Lassen Sie sofort nach der Besprechung einen Feedback-Bogen ausfüllen:

Feedback-Bogen Besprechung
Wie beurteilen Sie unsere letzte Besprechung?

Bewertung 1 bis 7 (1 = trifft überhaupt nicht zu, 7 = trifft voll und ganz zu)

	1	2	3	4	5	6	7
▸ War das Besprechungsklima für die Zusammenarbeit förderlich?							
▸ Waren die gegebenen Informationen klar und verständlich?							
▸ Wurden Ihre Vorschläge einbezogen und behandelt?							
▸ Konnten Sie Ihre Meinung offen sagen?							
▸ Konnten Sie an den Entscheidungen mitwirken?							
▸ Hat die Zeitdauer den Themen und erreichten Ergebnissen entsprochen?							
▸ Wurde die Tagesordnung eingehalten?							
▸ Können Sie sich mit den Ergebnissen identifizieren?							
▸ Sind Sie mit dem Engagement aller Beteiligten zufrieden?							
▸ Sind Sie mit der Leitung der Besprechung zufrieden?							
▸ Wurden Ihre Erwartungen an die Besprechung erfüllt?							

Was sollte verbessert werden?

Aus den Bewertungen erkennen Sie, worauf Sie künftig noch achten müssen und welche Veränderungen Sie vornehmen sollten, um wieder neuen Schwung in die Umsetzung von Aktivitäten zu bringen.

Selbstkontrolle von Besprechungen

Geben Sie sich selbst ehrliche Antworten auf die folgenden Fragen:
- ▸▸ Habe ich mein Hauptziel erreicht? Wenn nein, Begründung.
- ▸▸ Konnte ich weitere Ziele realisieren? Welche? Begründung.
- ▸▸ Konnte ich Störungen vermeiden?
- ▸▸ Habe ich auftretende Konflikte erfolgreich gelöst?
- ▸▸ Habe ich alle Sichtweisen miteinbezogen?
- ▸▸ Habe ich Konfliktpotenziale im Vorfeld erkannt?
- ▸▸ War ich ausreichend vorbereitet?
- ▸▸ Konnte ich die geplanten Schritte wie vorgesehen umsetzen?
- ▸▸ Welche Methoden und Techniken waren zielführend, welche waren weniger geeignet?
- ▸▸ Sind die Diskussionen vom Thema abgewichen?
- ▸▸ Konnte ich alle Teilnehmer ausreichend aktivieren?
- ▸▸ Habe ich für die Einhaltung der Regeln gesorgt?
- ▸▸ Habe ich die Zeitplanung eingehalten?
- ▸▸ Habe ich für eine konstruktive und lösungsorientierte Arbeitsweise gesorgt?
- ▸▸ Habe ich immer wieder auf das angestrebte Ziel hingeführt?
- ▸▸ Womit könnte ich die Effizienz zukünftiger Meetings noch steigern?

3.5 Moderationstechnik zur Besprechungsgestaltung

In Besprechungen/Sitzungen/Konferenzen wird meist davon ausgegangen, dass es einen Leiter geben muss, der alles besser weiß als die anderen und deshalb die Vorgehensweisen und schließlich auch die Ergebnisse vorgibt. Diese Methode lässt Beteiligung und individuelle Mitsprache nicht zu.

Die Moderation ist eine Arbeitsmethode, die geeignet ist, die Teilnehmer z. B. einer Besprechung schneller zu Ergebnissen zu führen und dabei die Beteiligung und damit Identifikation aller zu gewährleisten.

Dazu wird der Ablauf einer Problemlösung oder einer Entscheidungsfindung in Abschnitte unterteilt, in denen verschiedene Techniken der Moderation angewendet werden. Gearbeitet wird mit Pinnwänden und Karten. Die einzelnen Methoden umfassen: Punkte abfragen, Karten abfragen, Klumpen, Themenlisten erstellen und bewerten, Maßnahmenkataloge erstellen usw. Ein Beispiel für eine moderierte Führungskräfte-Besprechung in Kapitel 3.5.6 verdeutlicht einige dieser Methoden.

3.5.1 Die Phasen eines Moderationsablaufs

Begrüßung, Kennenlernen, Einstimmung

Eine geschickte Einstimmung der Gruppe kann wesentlich dazu beitragen, dass sie eine kommunikationsbereite Haltung während der gesamten Zusammenkunft einnimmt.

Man kann eine Vorstellungsrunde durchführen, in der die Gruppe auf vom Moderator formulierte Fragen antwortet oder jeder ganz frei etwas über sich selbst sagt. Die Vorstellung kann auch in Interviewform vor sich gehen, wobei jeweils zwei Teilnehmer einander zu vom Moderator vorformulierten Fragen interviewen und die Antworten anschließend der Gruppe präsentieren.

Die Begrüßung der Gruppe umfasst weiters:
- ▸▸ die Vorstellung des Moderators
- ▸▸ eine Erläuterung des Moderators zu seiner Rolle
- ▸▸ die Klarstellung, was mit dem Ergebnis der Veranstaltung passiert

In der Anwärmphase können auch Erwartungen/Befürchtungen bezüglich der Veranstaltung abgefragt werden, indem man in Skalen oder Koordinatenfelder Punkte einträgt, die die Erwartungen jedes Einzelnen kennzeichnen, oder indem man offene Kartenabfragen durchführt.

Problem-/Themenorientierung herstellen

In dieser Phase werden der Gruppe gemeinsame Probleme und Themen bewusst gemacht. Dazu müssen sehr konkrete Fragestellungen erarbeitet werden, denn das Thema soll klar formuliert (aber noch nicht inhaltlich behandelt) werden.

Als Methoden können Ein-Punkt-Fragen (»Wie wichtig ist das Problem für meine tägliche Arbeit?«) verwendet, Tagesordnungen aufgestellt (Sammlung anstehender Themen), eine Themensammlung durch Zuruf-Fragen erstellt (»Worüber sollten wir hier sprechen?«) oder Karten mit den jeweils zu besprechenden Themen gesammelt werden. Daraus wird anschließend ein Problemspeicher erstellt, in dem alle Themen und Wünsche übersichtlich dargestellt werden. Es folgt eine Bewertung der einzelnen Themen nach Wichtigkeit, um die Priorität für die Bearbeitung herauszufiltern.

Themenbearbeitung

In dieser Phase findet die eigentliche Arbeit an den Themen statt. Für den notwendigen intensiven Kommunikationsprozess wird die Gruppe in Kleingruppen unterteilt, damit jeder mit jedem sprechen, Argumente austauschen, Widersprüche aufdecken und Lösungen finden kann. Durch die Erstellung eines »Szenarios« wird der Gruppe eine Diskussionsstruktur empfohlen, die ein Erreichen des Diskussionszieles in angemessener Zeit erleichtern soll. Die Kleingruppenergebnisse werden anhand von Plakaten im Plenum präsentiert und diskutiert.

Ergebnisorientierung

Die Ergebnisse, die in Moderationen erreicht werden, sind selten klare, unverrückbare Entscheidungen, sondern:
- ▸▸ ein gewichteter, von allen getragener Themen-/Problemkatalog,
- ▸▸ Arbeitsaufträge an Personen oder Untergruppen,
- ▸▸ ein abgestimmtes weiteres Vorgehen oder
- ▸▸ Selbstverpflichtungen.

Die Ergebnisse sind klar zu formulieren, damit sie von den Teilnehmern auch als solche wahrgenommen werden. In Tätigkeitskatalogen sind alle Aktivitäten festzuhalten, die dazu dienen, die angesprochenen Probleme zu lösen. Ein derartiger Tätigkeitskatalog muss auch die für die Durchführung der Aktivitäten verantwortlichen Personen und den Zeitrahmen enthalten.

Abschluss

Der Abschluss einer Moderation kann sich auf das sachliche Ergebnis, auf die Reflexion des erlebten Prozesses und auf die Gefühle beziehen, mit denen die Teilnehmer die Besprechung verlassen. Dafür eignen sich Ein-Punkt-Fragen, wie z. B. »Wie zufrieden bin ich mit: Zusammenarbeit/Ergebnis?« oder das »Blitzlicht«, in dem alle Teilnehmer ein kurzes Statement abgeben zu:

▸▸ Was war mir wichtig?
▸▸ Was nehme ich mit nach Hause?
▸▸ Was möchte ich der Gruppe noch sagen?

3.5.2 Der Moderator

Der Moderator ist ein methodischer Helfer, der den Teilnehmern sein Wissen und seine Erfahrung zur Verfügung stellt. Er ist ein Fachmann für die Verbesserung der Kommunikation zwischen Menschen.

Ein Moderator sollte folgende Haltung einnehmen:

▸▸ Er stellt seine Meinungen und Ziele zurück.
▸▸ Er bewertet weder Meinungsäußerungen noch Verhaltensweisen.
▸▸ Er aktiviert und öffnet die Gruppe für das Thema, indem er Fragen stellt (und keine Behauptungen aufstellt).
▸▸ Er fasst alle Äußerungen der Gruppe als Signale auf, um den Gruppenprozess erfolgreich auf das angestrebte Ziel hin zu steuern.
▸▸ Er versucht, den Teilnehmern ihr eigenes Verhalten bewusst zu machen, um Störungen und Konflikte bearbeiten zu können.
▸▸ Er steuert den Prozess, greift aber nicht inhaltlich ein.

3.5.3 Spielregeln der Moderation

Da die Kommunikation in Gruppen nicht immer in geordneten Bahnen verläuft, sollten Sie als Moderator Spielregeln vorschlagen, die der Gruppe helfen, die Effizienz ihrer Zusammenkunft zu steigern. Lassen Sie Ihre Vorschläge durch die Gruppe ergänzen. Dadurch wird gewährleistet, dass die Gruppe diese Regeln akzeptiert und auf ihre Einhaltung achtet.

Kurze Beiträge

Bei einer Diskussion steht jedem Teilnehmer nur eine begrenzte Redezeit zur Verfügung. Als Faustregel kann vereinbart werden, dass ein einzelner Beitrag nicht länger als ca. 30 Sekunden dauert. Hält sich jemand nicht daran, dann sollten Sie als Moderator ihn sofort unterbrechen und auf die vereinbarte Spielregel hinweisen. Damit der Unterbrochene nicht gekränkt ist, können Sie ihm auch noch einige Sekunden zum Abschluss oder zur Zusammenfassung seines Beitrags zugestehen.

Kein Durcheinandersprechen

Um ein Unterbrechen und Durcheinandersprechen von Teilnehmern zu vermeiden, sollte vereinbart werden, dass z. B. jeder, der etwas sagen will, dies durch Heben der Hand anzeigt. Der Moderator muss die Meldungen beobachten und die Teilnehmer in der Reihenfolge des Handhebens zum Sprechen auffordern.

Kernaussagen visualisieren

Die Visualisierung ist Aufgabe des Moderators. In einer Besprechung, die über mehrere Stunden geht, kann niemand alles im Kopf behalten, was gesagt wurde. Daher sollten Sie die Beiträge der Teilnehmer sinngemäß wiederholen und aufschreiben, falls die Teilnehmer zustimmen. Durch diese Rückkoppelung werden Missverständnisse und Fehlinterpretationen vermieden. Achten Sie jedoch darauf, als Moderator neutral zu bleiben und keine eigenen Vorstellungen in den Beitrag eines Teilnehmers einzuflechten.

Sollten Sie mit der Visualisierung nicht nachkommen, können Sie ein Gruppenmitglied um Unterstützung bitten. Für das Protokoll der Besprechung dient die laufende Visualisierung als Stichwortmanuskript.

Schriftlich diskutieren

Ist das Thema heikel und sind die Gemüter erhitzt, dann fällt es oft schwer, beim Kernthema zu bleiben und eine geordnete Diskussion durchzuführen. In einer solchen Situation kann man schriftlich diskutieren: Jedes Gruppenmitglied wird aufgefordert, seine Beiträge auf eine Karte zu schreiben. Die Karten werden dann an die Pinnwand gesteckt und besprochen. Dadurch bleibt der rote Faden erhalten, kein Beitrag und kein Argument gehen verloren.

Werden Präsentationen von den Teilnehmern durchgeführt, so empfiehlt es sich, diese nicht zu unterbrechen, sondern Fragen, Argumente und kritische Anmerkungen vorläufig auf Karten notieren zu lassen und erst nach Abschluss der Präsentation zu diskutieren.

Konfliktpfeil verwenden

In jeder Besprechung treten kontroverse Meinungen auf. Dabei kommt es oft zu langwierigen Diskussionen, die sehr viel Zeit kosten und oft wenig bringen.

Man kann den Konfliktpfeil (Blitz) dazu verwenden, Beiträge zu kennzeichnen, denen nicht alle Gruppenmitglieder zustimmen. Die Besprechungsteilnehmer werden damit aufgefordert, Meinungsverschiedenheiten offen anzusprechen und die Möglichkeit zu nutzen, der eigenen Meinung visuell Ausdruck zu geben. Damit kann der nachfolgenden Diskussion die Schärfe genommen werden.

3.5.4 Moderationstechniken

Von der Vielzahl an Moderationstechniken, die je nach behandeltem Thema oder Arbeitsschritt eingesetzt werden können, sollen die wichtigsten kurz dargestellt werden:

Die Kartenabfrage

Geeignet für:
- ▸▸ Themenfindung
- ▸▸ Problemdefinition
- ▸▸ Ursachenanalyse
- ▸▸ Maßnahmenplanung

Ziel:
- ▸▸ Sammlung von Ideen, Meinungen und Standpunkten der Teilnehmer

Vorgehensweise:
- ▸▸ Moderator formuliert Frage und visualisiert sie an einer Pinnwand
- ▸▸ Die Teilnehmer schreiben ihre Beiträge auf Moderationskarten
- ▸▸ Pro Karte nur ein Beitrag
- ▸▸ Eine begrenzte oder unbegrenzte Anzahl von Karten
- ▸▸ Karten werden vom Moderator eingesammelt und auf eine vorbereitete Pinnwand geheftet
- ▸▸ Karten werden mit Hilfe der Teilnehmer geordnet (geklumpt)

Vorteile:
- ▸▸ Alle Teilnehmer arbeiten gleichzeitig
- ▸▸ Alle Teilnehmer sind einbezogen
- ▸▸ Karteninhalte sind anonym
- ▸▸ Keine Beeinflussung der Beiträge durch andere
- ▸▸ Teilnehmer haben Zeit zum Überlegen und bringen Gedanken auf den Punkt
- ▸▸ Ergebnisse sind in kurzer Zeit erreichbar
- ▸▸ Mehrfachnennungen sind sichtbar
- ▸▸ Ergebnisse sind für das Protokoll dokumentiert

Die Zuruffrage

Geeignet für:
- ▸▸ Themensammlung
- ▸▸ Suche nach kreativen Problemlösungen
- ▸▸ Wenn Antwortmöglichkeiten begrenzt sind
- ▸▸ Bei kleinen Gruppen

Ziel:
- ▸▸ Rasches Sammeln von Themen, Ideen

Vorgehensweise:
- ▶▶ Moderator formuliert Frage und visualisiert sie
- ▶▶ Teilnehmer äußern ihre Beiträge verbal
- ▶▶ Moderator notiert sie
- ▶▶ Beiträge werden nur gesammelt, nicht bewertet
- ▶▶ Moderator darf die Aussagen inhaltlich nicht verändern
- ▶▶ Moderator darf keinen Zuruf überhören
- ▶▶ Co-Moderator kann mithelfen
- ▶▶ Beiträge werden anschließend geordnet und zusammengefasst

Vorteile:
- ▶▶ Die Teilnehmer regen einander an
- ▶▶ Beiträge eines Teilnehmers können von einem anderen aufgegriffen und weiterentwickelt werden
- ▶▶ Beiträge, die schon erwähnt wurden, werden nicht wiederholt

Klumpen

Ziel:
- ▶▶ Gefundene Ideen, Meinungen, Lösungsvorschläge werden sortiert

Vorgehensweise:
- ▶▶ Einsammeln und Mischen der Karten
- ▶▶ Die Teilnehmer werden gefragt, wo eine Karte angeheftet werden soll
- ▶▶ Alle Karten werden angepinnt, auch wenn sie gleiche oder ähnliche Aussagen haben
- ▶▶ Die Meinung der Teilnehmer zählt bei der Zuordnung, nicht die des Moderators
- ▶▶ Es entstehen automatisch Felder mit gleichen oder ähnlichen Aussagen (Klumpen)
- ▶▶ Diese Felder werden mit gemeinsam definierten Oberbegriffen versehen
- ▶▶ Bei Meinungsverschiedenheiten der Zuordnung entscheidet der Schreiber der Karte, wo er sie zugeordnet haben will
- ▶▶ Nach Anheften und Zuordnen aller Karten Zusammenfassung der Schwerpunkte durch Moderator
- ▶▶ Themenklumpen werden zur weiteren Bearbeitung in eine Liste übertragen

Vorteile:
- ▶▶ Man erhält eine Übersicht, welche Aspekte eine Fragestellung beinhaltet
- ▶▶ Teilnehmer können ihre Aussagen noch einmal durchdenken, wenn sie Oberbegriffe finden müssen
- ▶▶ Struktur wird von den Teilnehmern erarbeitet
- ▶▶ Durch die Sortierung wird die Erkennung und Gewichtung eines Schwerpunktes sichtbar

Ein-Punkt-Fragen

Geeignet für:
- ▶▶ Einführung in ein Thema
- ▶▶ Abfragen einer Stimmung, Haltung
- ▶▶ Erkennen von Erwartungen

Vorgehensweise:
- ▸▸ Moderator stellt eine visualisierte Frage
- ▸▸ Antwortraster wird erklärt
- ▸▸ Antwortraster können sein: Skalen (0 % bis 100 %, ++ bis --), Gegensatzpaare (sehr schlecht–sehr gut), ein Koordinatenfeld (Koordinaten Zufriedenheit mit Vorgehensweise, Ergebnissen usw.)
- ▸▸ Jeder Teilnehmer erhält einen Klebepunkt
- ▸▸ Teilnehmer treten möglichst gleichzeitig an die Pinnwand und kleben ihren Punkt
- ▸▸ Kommentare der Teilnehmer zu ihren Punkten können eingeholt werden
- ▸▸ Kommentare werden notiert
- ▸▸ Ergebnis wird vom Moderator zusammengefasst, aber nicht diskutiert
- ▸▸ Überleitung zum Hauptthema der Besprechung

Vorteile:
- ▸▸ Alle Teilnehmer werden einbezogen
- ▸▸ In kurzer Zeit kann ein Stimmungs- und Meinungsbild der Gruppe erfasst werden

Mehr-Punkt-Fragen

Geeignet für:
- ▸▸ Treffen einer Auswahl aus einer Vielzahl von Ideen, Problemen, Themen
- ▸▸ Vergeben von Prioritäten bei der Bearbeitung

Ziel:
- ▸▸ Prioritäten und Rangklassen werden sichtbar gemacht
- ▸▸ Entscheidungen für weitere Vorgehensweise werden getroffen

Vorgehensweise:
- ▸▸ Es gibt eine Liste mit verschiedenen Wahlmöglichkeiten
- ▸▸ Die Teilnehmer erhalten mehrere Punkte
- ▸▸ Moderator formuliert eine zielorientierte Fragestellung, damit Teilnehmer nach dem gleichen Kriterium werten, und visualisiert sie
- ▸▸ Die Teilnehmer können ihre Punkte auf die Alternativen verteilen oder auch mehrere Punkte für eine Alternative vergeben
- ▸▸ Nach der Wertung zählt der Moderator die Punkte zusammen und trägt die Prioritäten ein
- ▸▸ Die Gruppe kann nun die am höchsten bewerteten Themen in z. B. Kleingruppenarbeit weiter bearbeiten

Vorteile:
- ▸▸ Rasches Ermitteln von Reihenfolgen und Prioritäten
- ▸▸ Reihenfolge wird von allen bestimmt
- ▸▸ Das Zustandekommen des Ergebnisses ist sichtbar und erhält dadurch Akzeptanz

3.5.5 Hilfsmittel der Moderation

Checkliste zur Vorbereitung einer moderierten Besprechung	
Hilfsmittel	Anzahl
▶ Pinnwände	1 Wand für 2 bis 3 Teilnehmer
▶ Pinnwandpapier	2 Bogen pro Teilnehmer
▶ Wolken	1 Wolke pro Teilnehmer
▶ Überschriftstreifen	5 Streifen pro Teilnehmer
▶ Kärtchen farbig sortiert ▶ 10 x 21 cm ▶ 10 cm rund ▶ 14 cm rund ▶ 20 cm rund ▶ 11 x 19 cm oval	 30 Karten pro Teilnehmer 5 Karten pro Teilnehmer 5 Karten pro Teilnehmer 5 Karten pro Teilnehmer 10 Karten pro Teilnehmer
▶ Filzschreiber (z. B. Edding Nr. 1)	1 Stück pro Teilnehmer
▶ Filzschreiber stark (Edding 800)	1 Stück pro Teilnehmer
▶ Markierungsnadeln	1 Schachtel pro Pinnwand
▶ Markierungspunkte	20 Punkte pro Teilnehmer
▶ Schere, Messer	
▶ Klebestift, Kreppklebeband	

Im Fachhandel sind Moderatorenkoffer mit einer Grundausstattung erhältlich, die man je nach Bedarf erweitern kann.

3.5.6 Moderationsbeispiel

Thema: Schwerpunkte und Inhalte für das geplante Führungskräfte-Ausbildungsprogramm erarbeiten

Themeneinstieg

Zu Beginn wird eine These aufgestellt, die von den Teilnehmern mit Punkten bewertet werden soll. Zum Beispiel: »Führen ist mehr eine Frage der Begabung als des Trainings«. Den Teilnehmern steht eine vierstufige Skala (++, +, -, --) zur Verfügung. Jeder Teilnehmer bewertet diese These mit einem Punkt, entsprechend seiner persönlichen Einstellung. Anschließend wird das sich ergebende Bild gemeinsam in der Gruppe erörtert. Die Aussagen, die sich aus dem Bild machen lassen, werden auf Zuruf der Teilnehmer vom Moderator auf dem Plakat festgehalten. Dies sieht nun so aus:

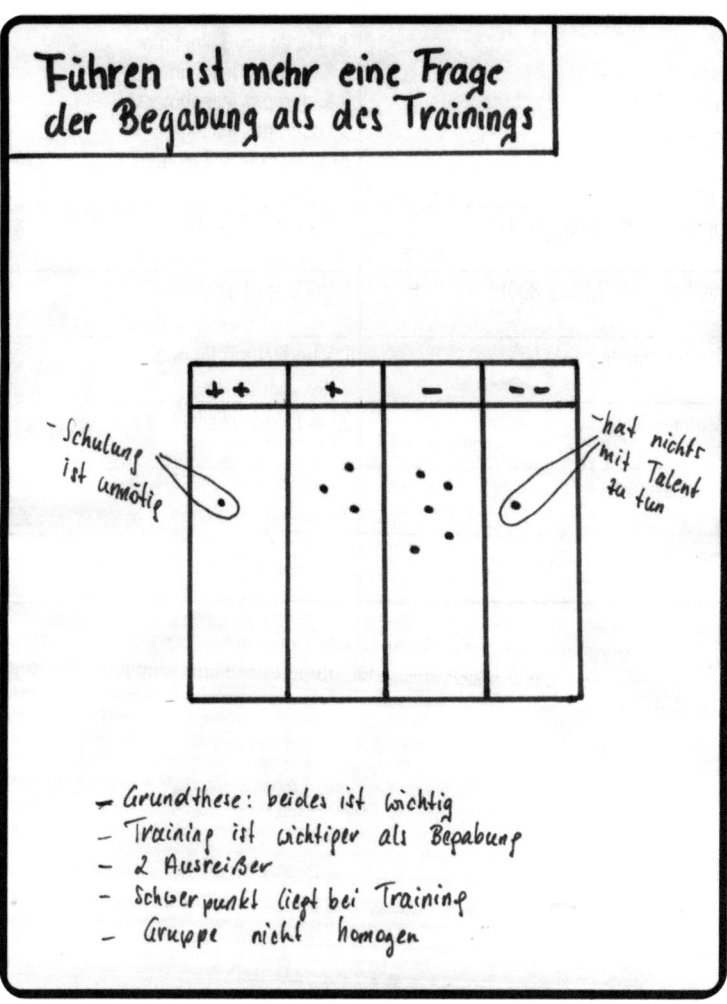

Aus diesem speziellen Bild wird ersichtlich, dass Führung nach Meinung der Teilnehmer auch eine Frage des Trainings ist. Die Teilnehmer bestätigen damit, dass es sich lohnt, ein Führungstraining zu absolvieren. Nach dieser Anwärmphase wird mit den weiteren Arbeitsschritten fortgefahren.

Themenbearbeitung

Die Frage: »Was muss ich als Chef alles können?« wird auf Karten beantwortet. Jeder Teilnehmer notiert seine Meinung auf Kärtchen. Diese Kärtchen werden dann unter Bekanntgabe der einzelnen Aussagen an die Pinnwand geheftet. Dabei kann gleich eine Sortierung oder »Klumpenbildung« vorgenommen werden, d. h. Karten gleicher oder ähnlicher Aussagen werden zusammengehängt. Anschließend werden für die Klumpen entsprechende Oberbegriffe gesucht.

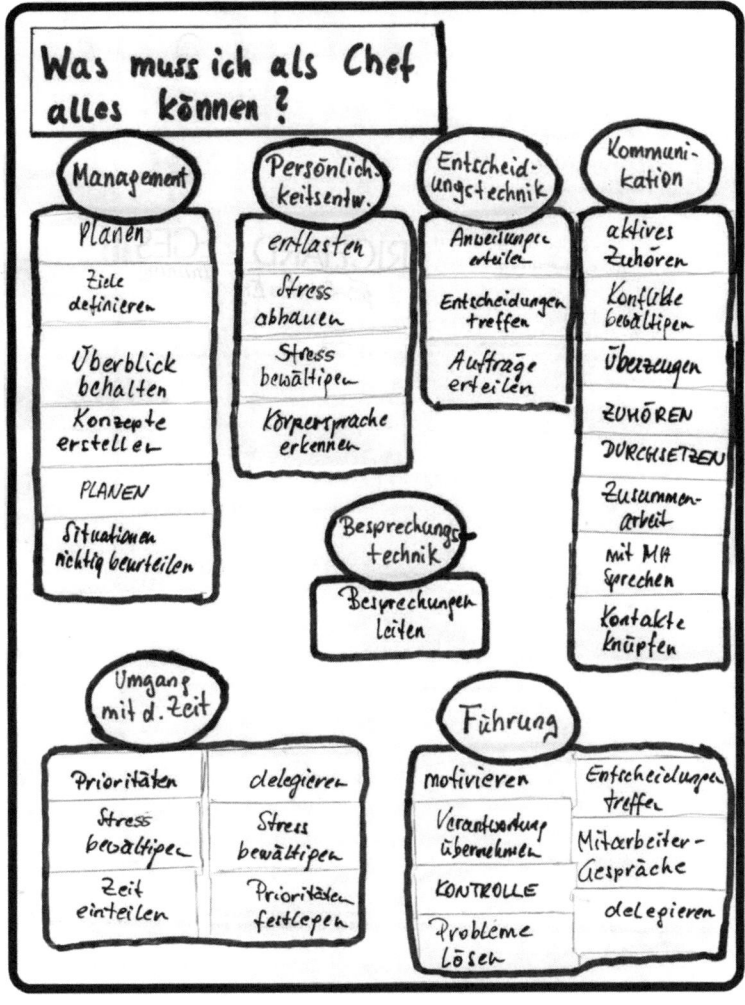

Auswertung

Die Oberbegriffe werden nun als Bildungsbedarfs-Schwerpunkte in einen Themenkatalog eingetragen. Da nicht in allen Themenbereichen gleichzeitig geschult werden kann, muss eine Gewichtung erfolgen. Dazu wird die Frage gestellt: »In welchen drei Themenbereichen habe ich ein dringendes Weiterbildungsbedürfnis?« Jeder Teilnehmer erhält drei Punkte und bewertet damit die für ihn dringlichsten Themen. Dabei kann er auch alle drei Punkte zu einem Thema kleben. Aus der Anzahl der Klebepunkte pro Thema ergibt sich eine Rangfolge, welche die Prioritäten im Schulungsprogramm kennzeichnet.

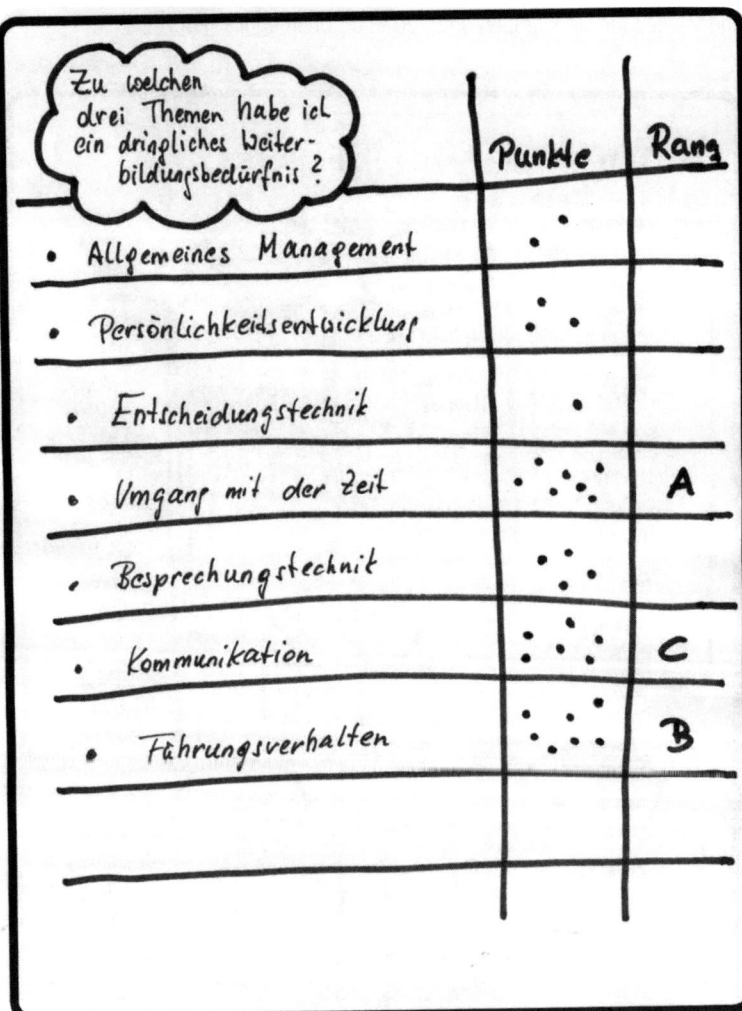

Zur Präzisierung der gewünschten Schulungsschwerpunkte werden zu jedem der drei Themen noch Probleme und Wünsche ausgearbeitet. Diese Vertiefung erfolgt in Kleingruppenarbeit.

Das Szenario, d. h. der Diskussionsleitfaden für die Gruppenarbeit, besteht aus folgenden vier Fragen, bezogen auf das Thema »Umgang mit der Zeit«:

▸▸ Woran stellen wir Probleme im Umgang mit der Zeit bei uns konkret fest?

▸▸ Worauf führen wir diese Probleme zurück?

▸▸ Wodurch kann ich meinen Umgang mit der Zeit verbessern?

▸▸ Was unternehmen wir konkret?

Das Kleingruppenergebnis wird anschließend anhand eines Plakates dem Plenum kurz präsentiert, wobei Ergänzungen durch die anderen Teilnehmer möglich sind.

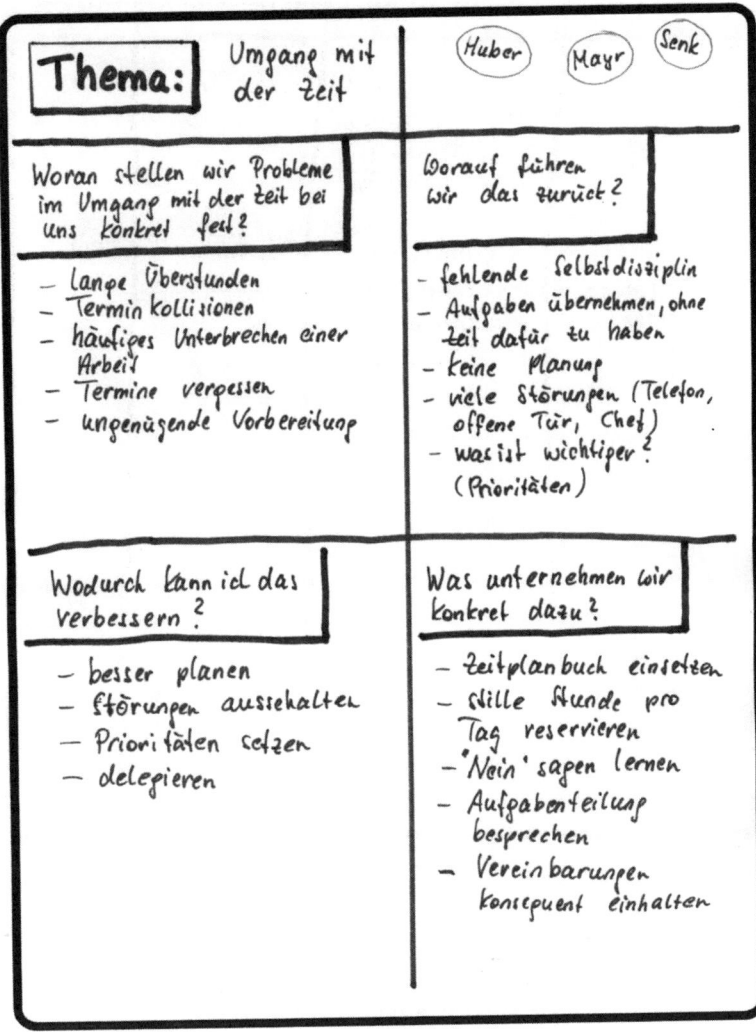

Ergebnisorientierung

Alle geplanten Maßnahmen werden in einen Tätigkeitskatalog übertragen, mit Angaben darüber, wer für welche Tätigkeit verantwortlich ist und bis wann die Tätigkeit abgeschlossen sein soll.

Maßnahme	was ist zu tun?	wer/bis wann?	ext. Hilfe?
1. Zeit-Freiräume schaffen	– Aufgaben auf Delegations-möglichkeit durchforsten	alle FK 19. KW	nein
2. Seminar Zeitmanagement	organisieren – Programm – Termin – Einladung	Hartmann bis 31.5.	nein

NEGES' MANAGEMENTTRAINER

Abschluss

Auch der Abschluss der Moderation soll für jeden Teilnehmer zum Erfolgserlebnis werden. Ein Abschlussplakat könnte folgendermaßen aussehen:

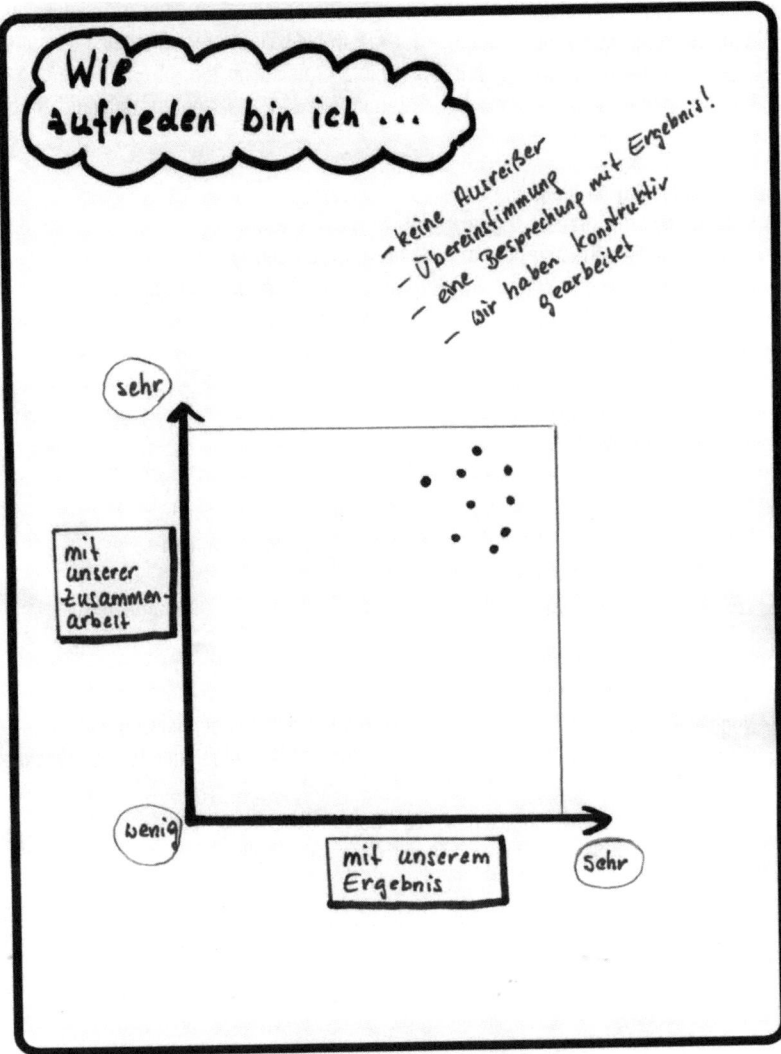

Im Anschluss an eine moderierte Sitzung empfiehlt es sich, allen Teilnehmern ein Fotoprotokoll zukommen zu lassen, das aus den fotografierten Plakaten besteht. Damit kann jeder Teilnehmer nachvollziehen, wie das Ausbildungsprogramm entstanden ist und welchen Beitrag er geleistet hat.

4. TRAINING AM ARBEITSPLATZ

Zunehmende Anforderungen am Arbeitsplatz, hohe Erwartungen der Kunden, eine sich immer schneller entwickelnde Technologie und lebenslanges Lernen erfordern einen ständigen Aus- und Weiterbildungsprozess. Jede Führungskraft ist für die Qualifikation ihrer Mitarbeiter verantwortlich, wobei zunehmend die Weiterbildung am Arbeitsplatz (Training on the job – TOJ) herangezogen wird. Im Rahmen des TOJ können Lernziele und Lerninhalte sehr praxisnah präsentiert bzw. trainiert werden.

Die Vorteile von Training on the job:
▸▸ Rasche Weiterbildung einer großen Zahl von Mitarbeitern
▸▸ Bedarfsorientierung ist in hohem Ausmaß gewährleistet
▸▸ Keine Labortrainings, sondern Training am spezifischen Arbeitsplatz
▸▸ Stärkung des Wir-Gefühls, da gleiche Problemsicht
▸▸ Vergrößerung der gegenseitigen Achtung der Mitarbeiter
▸▸ Förderung der Kommunikation
▸▸ Bessere Verständigung untereinander
▸▸ Wertschätzung der hausinternen Trainer
▸▸ Besserer firmeninterner Informationsfluss
▸▸ Fallbeispiele sind direkt der Praxis entnommen
▸▸ Trainingssituation kann 1:1 auf Arbeitssituation übertragen werden
▸▸ Hohe Transferorientierung möglich
▸▸ Kein Einfluss einer fremden Kultur (jeder externe Trainer hat eine andere Kultur)

Die Gefahren von Training on the job:
▸▸ Umsetzung der Lernziele nicht möglich
▸▸ Negativerlebnisse im Training können sich rasch auf das Arbeitsfeld auswirken
▸▸ Wenn immer die gleiche TOJ-Gruppe arbeitet, ist die Gefahr der Lern-Betriebsblindheit gegeben
▸▸ Überforderung der Teilnehmer durch zu häufige TOJs
▸▸ Trainer aus den eigenen Reihen können Akzeptanzprobleme haben
▸▸ Ungenügende Vorbereitung des Trainers
▸▸ Keine Einbindung in das Personalentwicklungskonzept
▸▸ Kein Einsatz von Medien und Methoden (mangelnde Trainerkompetenz)
▸▸ Zeitproblem (wann soll TOJ stattfinden?)

FÜHRUNGSKRAFT UND TEAM

NEGES' MANAGEMENTTRAINER

4.1 Arten des TOJ

Welche Arten von TOJ gibt es, und wie gehen sie vor sich (Beispiel Verkaufsbereich):

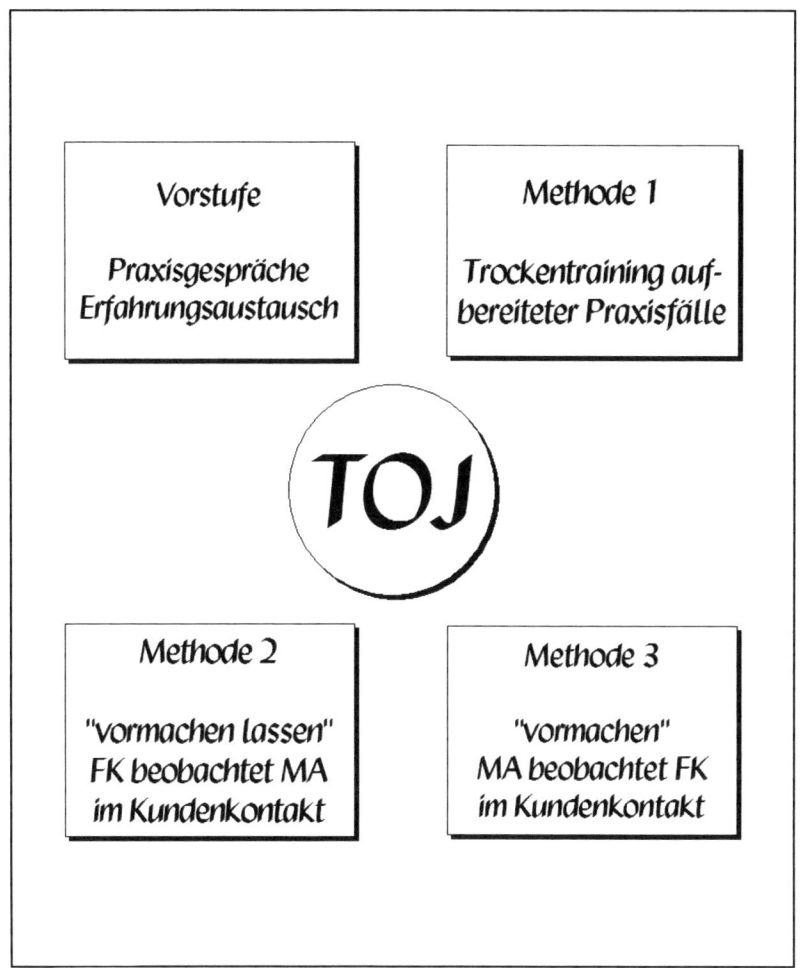

4.1.1 Praxisgespräche/Erfahrungsaustausch

Der Erfahrungsaustausch kann niemals die Simulation eines Beratungsgesprächs ersetzen, da der Mitarbeiter nicht den Zwang spürt, den Gesprächsinhalt an Kundenreaktionen ausrichten zu müssen.

Die Grundlage für den Erfahrungsaustausch bilden die von den Mitarbeitern erlebten Verkaufsgespräche. Damit der Mitarbeiter dabei viel lernen kann, soll er sich auf den Erfahrungsaustausch vorbereiten, indem er das Kundengespräch nach folgenden Punkten festhält:

- ▸▸ Was war die Ausgangssituation?
- ▸▸ Angaben über den Kunden
- ▸▸ Eventuell Daten über die Geschäftsverbindung
- ▸▸ Wichtige Reaktionen/Einwände des Kunden
- ▸▸ Gesprächsergebnis
- ▸▸ Offene Fragen
- ▸▸ Weiterführende Maßnahmen

Damit können wünschenswerte Gesprächsinhalte und mögliche Vorgehensweisen reflektiert werden.

Folgendes Vorgehen beim Erfahrungsaustausch ist möglich:
- ▸▸ Den Mitarbeiter die Ausgangslage schildern lassen
  - ▸ Es dürfen nur Informationen über die Geschäftsverbindung und den Kundenwunsch wiedergegeben werden
  - ▸ Die Mitarbeiter sollen in Stichworten mitschreiben
  - ▸ Probleme sollen festgehalten werden
- ▸▸ Gemeinsame Diskussion der (Kunden-)Ansprache
  - ▸ Die Gesprächsziele analysieren (welche Signale ergeben sich aus der Ausgangssituation?)
  - ▸ Wie ist im Gespräch vorzugehen?
  - ▸ Die erarbeitete Ansprachestrategie wird von allen Mitarbeitern notiert
  - ▸ Der Mitarbeiter, der den Praxisfall eingebracht hat, darf seine Erfahrungen aus einer bestimmten Ansprachestrategie noch nicht mitteilen
  - ▸ Maßnahmenkatalog zusammenfassen
- ▸▸ Möglicherweise Trockentraining
- ▸▸ Das Diskussionsergebnis wird mit der realen Vorgehensweise im Kundengespräch verglichen
  - ▸ Welche Gesprächsziele wurden wie erreicht?
  - ▸ Welche Signale wurden nicht erkannt/angesprochen?
  - ▸ Was muss aktiviert werden?
  - ▸ Wo liegen generell zusätzliche Chancen/Gefahren?
- ▸▸ Zusammenfassung
  - ▸ Was war gut?
  - ▸ Was kann verbessert werden?
  - ▸ Wo gab es Probleme?

4.1.2 Training aufbereiteter Praxisfälle (Trockentraining)

Das Trockentraining hat für das Erlernen und Üben des Berater- bzw. Verkäuferverhaltens die größte Bedeutung. Es kann auch in Kleingruppen durchgeführt werden und ist daher zeitsparend. Außerdem ist es leichter, aus gespielten Fehlern zu lernen, als diese im tatsächlichen Kundenkontakt zu erkennen. Bevor die Methode 2 des TOJ (»vormachen lassen«) durchgeführt wird, sollte ein Trockentraining absolviert werden.

Vorteile:
- ▸▸ Keine Unterschiede in der Umgebung und in den Hilfsmitteln
- ▸▸ Fehler bleiben folgenlos, da nur Probesituation
- ▸▸ Mehrere Lösungen können nacheinander geprüft und analysiert werden
- ▸▸ Angstfreies Üben ist möglich
- ▸▸ Fantasie, Denkvermögen und Verhalten werden geübt
- ▸▸ Übung = Chance

Nachteile:
- ▸▸ Meist nur außerhalb der Arbeitszeit möglich (Akzeptanzprobleme)
- ▸▸ Ohne Lernbedarfserhebung nur wenig Akzeptanz bei den Teilnehmern
- ▸▸ Ohne Vorbereitung und zielorientierte Abwicklung Gefahr des Überspielens
- ▸▸ Training wird zu wenig ernst genommen

Was ist beim Einsatz des TOJ zu beachten?
- ▸▸ In die Lernbedarfserhebung sind einerseits die Ziele des Unternehmens, andererseits die Stärken und Schwächen der zu trainierenden Mitarbeiter einzubeziehen (Bildungsbedarfsanalyse, Förder- und Beurteilungsergebnisse).
- ▸▸ Vor dem Training sollte mit der Trainingsgruppe über ihren Lernbedarf ausführlich gesprochen werden.
- ▸▸ Ausgangssituation und Zielsetzung des Trainings sind vorher abzustimmen (Lernzielformulierung – Seminardesign).
- ▸▸ Da die Übungszeit außerhalb der Arbeitszeit liegen wird, sind mit den Teilnehmern Lösungen zu suchen, die alle akzeptieren können.
- ▸▸ Damit ein hoher Praxisbezug erreicht wird, sollten tatsächlich erlebte Praxisfälle verwendet werden.
- ▸▸ Der Praxisbezug wird vom Kunden bestimmt, daher sollten allzu fachmännische Einwände und Fragen unterbleiben.
- ▸▸ Jeder Mitarbeiter muss die Möglichkeit erhalten, den Berater zu spielen.
- ▸▸ Die Beobachtungsschwerpunkte sind vorher gemeinsam festzulegen.
- ▸▸ Die Gespräche sollten mit Video- oder Audiorekorder aufgenommen werden, um sie besser analysieren zu können.
- ▸▸ Die Führungskraft sollte als Berater fungieren (nicht in allen Gesprächen) und »vormachen«.
- ▸▸ Mit dem Training müssen gleichzeitig Transfermaßnahmen geplant werden, da ohne Kontrollmaßnahmen und Hilfestellung die Wirkung schnell wieder nachlässt.

Grundregeln für das Verhalten der Führungskraft/des Trainers beim TOJ:
- ▸▸ Keine Bearbeitung ohne vorher vereinbarte Beurteilungskriterien
  - ▸ die Führungskraft soll nicht ohne abgestimmte Grundregeln eingreifen
  - ▸ diese Grundregeln sind gemeinsam zu erarbeiten (wie sieht die Ansprachestrategie aus? Nach welchen Kriterien wird die Gesprächsführung beurteilt?)
- ▸▸ Selbstkritik vor Fremdkritik stellen
  - ▸ nur Selbsterkenntnis und Einsicht können Verhalten verändern
  - ▸ den Übenden zuerst um eine Eigenbeurteilung bitten
  - ▸ das Erkennen eigener Stärken und Schwächen hervorheben

- ▸▸ Die positiven Verhaltensweisen zuerst erarbeiten
  - ▸ damit wird das Selbstwertgefühl stabilisiert
  - ▸ nachfolgende Kritik ist leichter zu verarbeiten
  - ▸ richtiges Verhalten wird verstärkt
  - ▸ konkret loben/kritisieren
- ▸▸ Auf verbesserungswürdige Verhaltensweisen aufmerksam machen (ohne Wertung)
  - ▸ die Möglichkeit zur Selbstkritik/eigenen Einsicht geben
  - ▸ Rechtfertigungen verhindern
  - ▸ bei wichtigen Phasen des Gesprächs das Tonband abhören und Stellungnahmen einfordern
- ▸▸ Kritik mit Verbesserungsvorschlägen verbinden
  - ▸ Kritik allein ist keine Hilfestellung und verbessert ein Verhalten nicht
  - ▸ gemeinsam Beispiele dafür finden, wie etwas besser zu machen ist
- ▸▸ Meinung zur geäußerten Kritik bzw. Empfehlung erfragen
  - ▸ damit wird Akzeptanz und Transfer in die Praxis abgesichert
  - ▸ »Wie denken Sie darüber?«, »Könnten Sie sich vorstellen, das in der Praxis anzuwenden?«

Vorgehensweise beim Trockentraining:
- ▸▸ Mitarbeiter motivieren, Interesse wecken und Zustimmung zum TOJ einholen
  - ▸ Den Mitarbeitern muss das Vorgehen beim TOJ erklärt, der Nutzen aufgezeigt und die Angst genommen werden.
  - ▸ Ein Termin ist gemeinsam abzustimmen.
  - ▸ Praxisfälle werden festgelegt und vorbereitet, Lernziele und Design vorher präsentiert.
- ▸▸ Vorbereitung der Übungen (nach Erarbeitung der Ansprachestrategie)
  - ▸ Die Mitarbeiter müssen wissen, worauf es ankommt, um den Übungserfolg sicherzustellen. Daher sind Ausgangssituation und Zielsetzung der Übung zu besprechen. Danach werden die Rollen und die Aufgaben verteilt.
  - ▸ Die Mitarbeiter, die die Übung beobachten, müssen die Beobachtungsschwerpunkte kennen.
- ▸▸ Durchführung der Übung
  - ▸ Die Übung sollte möglichst praxisnah sein, Verkaufshilfen sind zu verwenden usw.
  - ▸ Das Übungsgespräch sollte aufgezeichnet werden.
  - ▸ Die Übung darf nicht unterbrochen werden.
- ▸▸ Analyse der Übung
  - ▸ Einsicht in Stärken und Schwächen gewinnen.
  - ▸ Grundsätze des Feedbacks beachten.
- ▸▸ Weitere Vorgehensweise abstimmen (Maßnahmenplan erstellen)

4.1.3 Die Führungskraft beobachtet den Mitarbeiter im Kundenkontakt (»vormachen lassen«)

Wenn das Trockentraining gut durchgeführt wurde, sollte das TOJ im Kundenkontakt keine Probleme bereiten.

Bei der Beobachtung der Mitarbeiter im Kundenkontakt sind die tatsächlichen Stärken und Schwächen der Mitarbeiter zu erkennen. Damit der Mitarbeiter nicht allzu gehemmt ist, kann die Beobachtung auch aus der Distanz erfolgen. Die Führungskraft sollte jedoch die Zustimmung des Mitarbeiters einholen.

4.1.4 Der Mitarbeiter beobachtet die Führungskraft im Kundenkontakt (»vormachen«)

Diese Methode erfordert von der Führungskraft die Bereitschaft, auch Fehler einzugestehen und Anregungen der Mitarbeiter aufzugreifen. Das Vormachen schwieriger und wichtiger Situationen eignet sich vor allem dann, wenn Mitarbeiter wenig praktische Erfahrung oder Hemmungen vor bestimmten Kundenansprachen haben.

Der Kunde muss bei dieser Methode um seine Zustimmung gebeten werden. Ausgangssituation und Zielsetzung des Gesprächs sollten, wenn möglich, vorher abgestimmt werden.

4.1.5 Die Nachbearbeitung des TOJ

Für alle TOJ-Methoden gilt, dass vor allem durch die Nachbearbeitung der jeweiligen Situation gelernt wird.

- ▸▸ Selbstkritik durch den Übenden
  - ▸ Wie sieht er das Ergebnis und den Gesprächsverlauf?
  - ▸ Was war gut?
  - ▸ Was soll geändert werden?
  - ▸ Welche Alternativen gibt es?
- ▸▸ Fremdkritik durch die Beobachter
  - ▸ Was war gut?
  - ▸ Was ist zu verändern?
  - ▸ Welche Alternativen gibt es?
- ▸▸ Fremdkritik durch die Führungskraft
  - ▸ Was war gut?
  - ▸ Was ist zu verbessern?

  Die Führungskraft bestätigt die bisherigen Aussagen der Mitarbeiter und ergänzt sie. Die Aussagen sind zu begründen. Die Führungskraft weist die Mitarbeiter auf weitere gute Phasen im Gespräch hin. Alternativvorschläge der Führungskraft werden zur Diskussion gestellt. Wichtig: Positive Abschlussmotivation, Aufruf zu verbessertem Vorgehen in Zukunft.

▸▸ Zusammenfassung
  ▸ Welche Erkenntnisse wurden aus der Übung gewonnen?

Diese Frage ist zuerst an die Übenden zu stellen. Die Führungskraft bestätigt oder ergänzt die Zusammenfassung. Es darf auch nicht vergessen werden, sich bei den Mitspielern für ihre Mitarbeit zu bedanken.

▸▸ Vergleich mit der Praxis
  ▸ Wo gibt es Abweichungen gegenüber der Praxis?
  ▸ Welche Fragen sind offen geblieben?
  ▸ Welche Aktivitäten müssen wir praxisbezogen angehen?
  ▸ Welche Veränderungen hinsichtlich der Verkaufsunterlagen sind anzustreben?
  ▸ Wie können wir in Zukunft solche Situationen noch besser in den Griff bekommen?

Die Fragen sind an den Mitarbeiter zu stellen, der den Praxisfall eingebracht hat.

▸▸ Transfermaßnahmen
  ▸ Wie geht es weiter?
  ▸ Bearbeitung des Transfervertrages
  ▸ Eventuell Festlegung neuer Problem- bzw. Trainingsfelder
  ▸ Einsatz des Seminar- und Trainerbeurteilungsbogens

4.2 Beispiel TOJ-Prozess

Im Folgenden wird ein Trainingsprozess dargestellt. Es handelt sich um eine Produktschulung mit Argumentationstraining im Bankenbereich. Die Schulung wird von der Führungskraft vorbereitet, mit der Marketingabteilung abgestimmt und mit den Mitarbeitern am Arbeitsplatz durchgeführt.

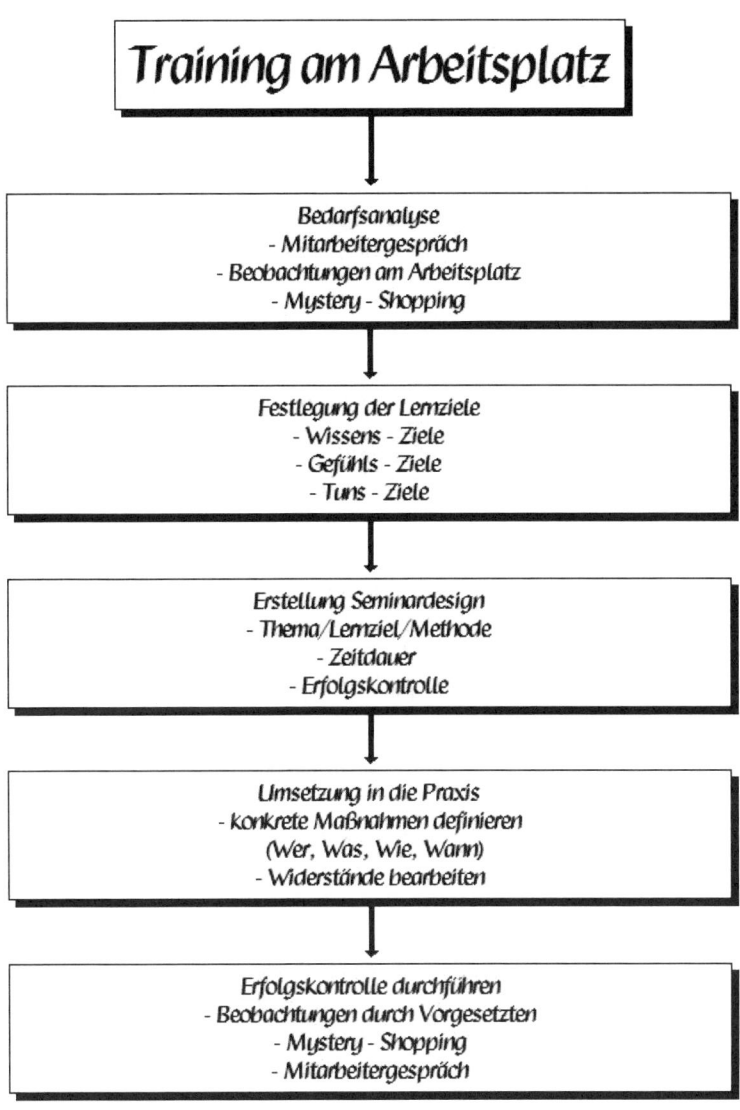

4.2.1 Bedarfsanalyse

Es gibt mehrere Möglichkeiten, den Schulungsbedarf festzustellen. Im Rahmen unseres Beispiels wird der Bedarf mittels Mystery-Shopping erhoben und dann im Rahmen eines Mitarbeitergesprächs mit jedem Filialmitarbeiter konkret erarbeitet.

Mystery-Shopping

Die Zielsetzungen im Mystery-Shopping sind:
- ▸▸ Kontrolle von Service- und Qualitätsstandards
- ▸▸ Ermittlung von Schwachstellen und Verbesserungspotenzialen
- ▸▸ Inner- und außerbetriebliche Leistungsvergleiche
- ▸▸ Argumentationstechniken bei den Produkten überprüfen
- ▸▸ Sensibilisierung und Motivation der Mitarbeiter zu kundenorientiertem Verhalten
- ▸▸ Einsatz von Verkaufshilfen

Auswahl und Schulung der Mystery-Shopper:
- ▸▸ Testkunde als Abbild des Durchschnittskunden
- ▸▸ Beobachtungen müssen relevante Sachverhalte und deren Bewertung ermöglichen
- ▸▸ Testkunde nach Möglichkeit mit Beobachtungserfahrungen
- ▸▸ Umfangreiche Schulung der Testpersonen – Was soll wann, wo, wie lange, wie und wodurch erfasst und bewertet werden?
- ▸ Maximal 20 Merkmalsausprägungen werden beobachtet
- ▸▸ Gegebenenfalls Schulung der Testkunden bezüglich der zu erwartenden Situationen durch Vorführung von Videofilmen
- ▸▸ Pro Test ist ein Protokoll anzufertigen

Vereinbarung über die Anzahl der durchzuführenden Testkäufe bzw. Beratungen:
- ▸▸ Mindestens drei bis vier verschiedene Mystery-Shopper
- ▸▸ Mindestens drei bis vier Mystery-Shopping-Besuche pro Filiale
- ▸▸ Gesamtzahl: mindestens 12 komplett durchgeführte Gespräche bzw. Abschlüsse
- ▸▸ Mystery-Shopper kann konkrete Abschlüsse tätigen

Festlegung der Beobachtungs- und Bewertungskriterien (Bewertung nach Schulnoten 1 bis 5):
- ▸▸ Beratungsplatz (Sauberkeit, Ordnung)
- ▸▸ Motivation des Beraters
- ▸▸ Standardisierung der Gespräche
- ▸▸ Verwendung einfacher Checklisten
- ▸▸ Logischer Aufbau des Beratungsgesprächs
- ▸▸ Produktwissen
- ▸▸ Analyse des Kundenbedarfs
- ▸▸ Argumentation der Produkte
- ▸▸ Äußere Erscheinung des Beraters
- ▸▸ Umgangsformen
- ▸▸ Verabschiedung des Kunden
- ▸▸ Weiterempfehlung angesprochen

Ergebnisse des Mystery-Shoppings:
Aus den Ergebnissen der Beobachtungen wurden folgende Themen für das Training am Arbeitsplatz ermittelt:

- ➡ Vertiefung Produktwissen
- ➡ Auftreten vor Kunden mit mehr Engagement
- ➡ Produkte überzeugend präsentieren und argumentieren
- ➡ Verbesserung der Analysephase
- ➡ Empfehlungstechnik nach positivem Abschluss einer Beratung einsetzen (den Kunden ersuchen, das Produkt weiterzuempfehlen oder jemanden zu nennen, für den das Produkt interessant sein könnte)

Mitarbeiterbesprechung

Alle getesteten Mitarbeiter werden eingeladen, im Rahmen eines Meetings die Ergebnisse des Mystery-Shoppings zu erfahren und zu bearbeiten. Der Filialleiter präsentiert in Kurzform die Ergebnisse, zuerst die Erkenntnisse über die Filiale gesamt, dann die Beobachtungen an jedem einzelnen Mitarbeiter. Während der Präsentation notiert jeder Mitarbeiter seine individuellen Schwachpunkte und überlegt sich Ansatzpunkte zur Verbesserung. Der Filialleiter fasst daraus die einzelnen konkreten Trainingsschwerpunkte zusammen und wandelt sie in Lernziele um.

Weiters wird ein Trainingsplan erarbeitet. Dieser sieht pro Woche ein TOJ von vier Stunden vor. Als Trainingstag wird gemeinsam der Donnerstag festgelegt, Training 17 bis 21 Uhr in der Filiale.

4.2.2 Definition der Lernziele

Grundsätzlich sind drei Arten von Lernzielen zu unterscheiden:

- ➡ Kognitive Lernziele (Wissensziele)
- ➡ Affektive Lernziele (emotionale Ziele)
- ➡ Psychomotorische Lernziele (Handlungsziele)

Im Rahmen des TOJ-Programms werden folgende Zielsetzungen definiert:

Wissensziele

- ➡ Die Teilnehmer lernen die wesentlichen Produkte erfolgreich zu argumentieren.
- ➡ Die Teilnehmer haben einen praxisnahen Überblick über alle wichtigen Produkte und Argumentationen.

Emotionale Ziele

- ➡ Die Teilnehmer argumentieren die Produkte mit Überzeugung.
- ➡ Die Teilnehmer gehen auf Fragen des Kunden zu Produkten gezielt ein.
- ➡ Die Teilnehmer begeistern die Kunden von den Produkten.

Handlungsziele

- ➡ Die Teilnehmer setzen aktiv Prospekte ein.
- ➡ Die Teilnehmer verwenden zur Präsentation der Produkte Tisch-Flipcharts.
- ➡ Die Teilnehmer verwenden die Weiterempfehlungs-Unterlagen (Gutscheine, Geschenkkatalog usw.).

4.2.3 Erstellung Seminardesign

Für alle Trainingsveranstaltungen wird ein Seminardesign entwickelt. Das Design des ersten Trainings enthält folgende Detailziele:

Die Teilnehmer sind in der Lage:

- ▸▸ einen Überblick über alle wichtigen Produkte zu geben
- ▸▸ die Gesprächsstruktur KAAPAV gekonnt einzusetzen
- ▸▸ Verkaufshilfen überzeugend zu präsentieren

Themen	Inhalte	Methoden Hilfsmittel	Dauer	Erfolgskontrollen
Überblick über alle Produkte	Produkte im Giro- und Sparbereich anhand Beraterhandbuch durchgehen	▸ Präsentation ▸ Lehrgespräch ▸ Gruppenarbeit	2 Stunden	Wissensüberprüfung mittels Test
KAAPAV	Gesprächsaufbau eines Verkaufsgesprächs: Kontakt – Analyse – Angebot – Prüfung – Abschluss – Verstärker	▸ Präsentation ▸ Lehrgespräch ▸ Reaktionstraining	1 Stunde	Ergebnisse der Rollenspiele
Verkaufshilfen	Bearbeitung aller aktuellen Verkaufshilfen	▸ Gruppenarbeit	1 Stunde	Präsentation der einzelnen Folder

Im Rahmen des Trainings werden folgende Methoden eingesetzt:

Präsentation

Jeder Teilnehmer bekommt ein Thema zur Vorbereitung zugeteilt. Die Präsentation ist auf eine bestimmte Zeitdauer ausgerichtet und dient einerseits zur Überprüfung des Wissensstandes und andererseits als Diskussionsgrundlage im Team.

Lehrgespräch

Der Filialleiter führt ein moderiertes Frage-Antwort-Spiel mit seinem Team. Der Filialleiter stellt Fragen, die aufeinander aufbauen und deren Beantwortung die Mitarbeiter zum Lernziel hinführt. Die aktive Mitarbeit und die Entwicklung der Inhalte fördern die Merkbarkeit und Identifikation.

Gruppenarbeit

Den Gruppen wird eine konkrete Aufgabenstellung zur Bearbeitung zugeteilt. Die Aufgabe und das erwartete Ergebnis müssen klar definiert sein und von den Mitarbeitern zu 100 % verstanden werden. Diese Methode fördert den Gedankenaustausch im Team und bringt die Teilnehmer auch emotional näher.

Rollenspiel

Das Rollenspiel wird so aufgebaut, dass jeweils ein Mitarbeiter den Kunden und ein anderer Mitarbeiter den Berater darstellt. Mit dieser Methode können einzelne Sequenzen eines Verkaufsgesprächs rasch und wirkungsvoll rhetorisch trainiert werden. Das Rollenspiel wird von den Darstellern gezielt vorbereitet und im Plenum durchgeführt. Im Anschluss findet ein kurzer Feedback-Prozess statt, in dem die positiven und negativen Erkenntnisse aufgearbeitet werden.

Reaktionstraining

Beim Reaktionstraining gibt es praktisch keine Vorbereitung. Die Rollen Kunden und Berater werden spontan verteilt und das Thema des Trainings wird auch spontan festgelegt. Das Rollenspiel wird ohne Absprache und Vorbereitung durchgeführt. Diese Methode zeigt die rasche Verarbeitungsfähigkeit und Flexibilität bei der Aufnahme von neuem Wissen und dessen sofortiger Verarbeitung.

Im Anschluss an das Reaktionstraining findet wieder ein Feedback-Prozess statt, in dem die Stärken und Schwächen des Gesprächs genauestens analysiert und zusammengefasst werden.

4.2.4 Umsetzung des Trainings und Festlegung von Maßnahmen

Der Ablauf des Trainings wird in der Agenda festgehalten:

1. Begrüßung (Erwartungen/Befürchtungen)

2. Kurze Präsentation der Ergebnisse des Mystery-Shoppings

3. Überblick über Produkte im Giro- und Sparbereich

4. KAAPAV erfolgreich anwenden

5. Verkaufshilfen überzeugend und begeisternd einsetzen

6. Umsetzung der Erkenntnisse in die Praxis

Dauer: 17 bis 21 Uhr

Die Teilnehmer werden gebeten, sich gut auf das Training vorzubereiten und aktuelle Praxisfälle mitzubringen.

Am Ende des Trainings werden als Umsetzungsmaßnahmen folgende Punkte vereinbart:

- ▸▸ KAAPAV wird verbindlich von allen eingesetzt
- ▸▸ Kein Gespräch mehr ohne Einsatz der Verkaufshilfen
- ▸▸ Argumentation der Produkte auf die wichtigsten drei Argumente reduzieren

4.2.5 Erfolgskontrolle

In den nächsten zwei Monaten werden die Erfolgsbilanzen der Mitarbeiter genau analysiert. Jeder Mitarbeiter hat sich vorgenommen, die bereits vereinbarten Ziele durch besonderes Engagement zu erreichen. Der Filialleiter führt gezielt Feedback-Gespräche mit den Mitarbeitern.

4.2.6 TOJ-Feedback-Bogen

Dieser Feedback-Bogen wird zur Bewertung der einzelnen Rollenspiele oder Reaktionstrainings eingesetzt:

TOJ-Feedback-Bogen

Filiale:	TOJ am:
Berater:	TOJ-Leiter:

(Bewertung nach Schulnotensystem 1 bis 5)

Filiale	Bewertung	positiv	negativ
▸ Gesamteindruck Filiale			
▸ Schaufenstergestaltung			
▸ Aktuelle Kundeninformationen			
▸ Beratungstisch/Sauberkeit/geordnete Unterlagen			
▸ Verkaufsunterstützung			
▸ Räumliche Überleitung bei Spezialberatung			

Verkaufsgespräch	Bewertung	positiv	negativ

▸ Kontaktphase
  – Begrüßung, Visitenkarte
  – Bewirtung, Smalltalk
  – Ziel-/Themenklärung			

▸ Analysephase
  – Bedarf analysieren
  – auf den Punkt kommen
  – Bedürfnisse gesamthaft erfassen			

▸ Angebotsphase
  – richtige Produktauswahl
  – gekonnte Präsentation
  – kundenorientierte Argumentation			

▸ Prüfungsphase
  – Rückversicherung
  – Prüfung möglicher Einwände
  – offene Fragen bearbeiten			

▸ Abschlussphase
  – klare Abschlussfrage stellen
  – Abschluss durchführen			

▸ Verstärkerphase
  – Entscheidung wertschätzen
  – Empfehlung einbauen
  – weitere Vorgehensweise vereinbaren			

Vor- und Nachbereitung	Bewertung	positiv	negativ
▸ Richtige Unterlagen vorbereiten			
▸ Ergebnisse des Gesprächs in der Kundendatei festhalten			
▸ Persönliche Bilanz zum Gespräch erstellen			
▸ E-Mail für Kunden als Zusammenfassung			
▸ Themen/Termin nächstes Gespräch festlegen			

Feedback am:	
Unterschrift Berater:	Unterschrift TOJ-Leiter:

4.3 Produktschulung im Rahmen des TOJ

Einen häufigen Anwendungsbereich von TOJ stellt die Produktschulung dar. In vielen Unternehmen kommt es immer wieder dazu, dass sowohl neue Mitarbeiter als auch Mitarbeiter mit langjähriger Erfahrung in der Produktnutzenargumentation sehr eingeschränkt agieren. Während die neuen Mitarbeiter noch wenig Wissen über die Produkte haben und dadurch kaum wirkungsvoll argumentieren können, verwenden die erfahrenen Mitarbeiter meist immer nur die gleichen Argumente und zeigen dadurch wenig Flexibilität.

Daher sollte jedes Unternehmen eigene Produktschulungen durchführen. Eine Produktschulung beginnt mit einer Wissensüberprüfung (Test) und wird im Rahmen eines Trainings on the job durchgeführt.

Das Training sollte folgende Hauptschwerpunkte beinhalten:

▸▸ Produktbeschreibung
  ▸ Bestandteile des Produktes
  ▸ Überblick über Systeme
  ▸ Zusatzverkaufschancen

▸▸ Verkaufsargumentation
  ▸ Ermittlung der wichtigsten Verkaufsargumente
  ▸ Festlegung der Priorität
  ▸ mögliche Einwände zum Verkaufsargument
  ▸ Argumentationskette

▸▸ Kalkulation des Produkts
  ▸ Grundlagen der Kalkulation
  ▸ Auswirkungen und Möglichkeiten
  ▸ Spielräume ermitteln

▸▸ Mitbewerber-Produkte
  ▸ Welche Produkte?
  ▸ Ausstattung der Produkte und Vergleich mit eigenen Produkten
  ▸ Spezifische Unterschiede ermitteln
  ▸ Vorteile des eigenen Produkts herausarbeiten können

▸▸ Verarbeitung
  ▸ Möglichkeiten und Grenzen der Verarbeitung
  ▸ Referenzen und Erfahrungen einbringen

▸▸ Reklamationen
  ▸ Ermittlung der Beanstandungen
  ▸ mögliche Ursachen
  ▸ Behebungsstrategien
  ▸ Reklamationsvermeidung

▸▸ Technische Daten
  ▸ Formeln, Hintergründe, technische Details
  ▸ Datenblätter einsetzen

▸▸ Prüfzeugnisse/Normen
  ▸ Kenntnis der aktuellen Zeugnisse und Normen
  ▸ Analyse der wichtigsten Aussagen

▸▸ Unterlagen zur Gesprächsführung
  ▸ Überblick über Events
  ▸ Mailings zur Kundengewinnung
  ▸ Leitfäden zu bestimmten Gesprächssituationen
  ▸ Checklisten für Kunden-Jahresgespräche
  ▸ Einwandkataloge (Unternehmen, Produkte)
  ▸ Unternehmensbroschüre, Leistungskataloge

▸▸ Weiterempfehlung der Produkte
  ▸ Unterlagen zur Empfehlung
  ▸ Gutschein für Vermittlung
  ▸ Gesprächsleitfaden zur Empfehlung

4.4 Training am Kunden (Training on Customer – TOC)

Die Zufriedenheit der Kunden, deren beste Beratung und Bertreuung sind die Kernelemente einer Beziehung zwischen Verkäufer und Kunden. Aus diesem Anlass finden speziell am Beginn der Verkaufstätigkeit eines Beraters sehr häufig gemeinsame Gespräche von Führungskraft und Berater mit dem Kunden statt.

Der Berater wählt bestimmte Kunden aus, deren Potenziale er im Rahmen der Gesprächsvorbereitung genau analysiert, und bereitet eine Gesprächsstruktur vor. Diese Ausarbeitung wird mit der Führungskraft besprochen und ein Vorgehen festgelegt. Darauf folgt die Terminvereinbarung mit dem Kunden.

Die Führungskraft kann nun, wie schon in Kapitel 4.1 erwähnt, den Berater im Kundengespräch beobachten (»vormachen lassen«) oder dem Berater zeigen, wie ein Kundengespräch abzulaufen hat (»vormachen«).

Im ersten Fall ist die Führungskraft als Beobachter dabei und macht sich Notizen zur Gesprächsführung des Beraters. Im Anschluss wird das Gespräch gemeinsam analysiert und Schwerpunkte für das nächste Gespräch werden vereinbart.

Im zweiten Fall beobachtet der Mitarbeiter die Führungskraft im Kundenkontakt. Das Gespräch führt ausschließlich die Führungskraft und der Mitarbeiter notiert sich die besten Ideen und Anregungen bzw. Stärken und Schwächen. Im Anschluss wird das Gespräch wieder gemeinsam analysiert.

Checkliste für TOC

Vor dem Kundenbesuch
▸▸ Wie organisiert der Mitarbeiter seine Kundenbesuche (Tourenplan, Wochenplan usw.)?
▸▸ Welche Ziele/Themen hat der Mitarbeiter für das Gespräch geplant?
▸▸ Hat er die Kundenunterlagen für den Besuch vorbereitet?
▸▸ Ist überprüft, ob offene Themen aus der Sicht des Kunden anstehen?
▸▸ In welchem Zustand sind die Unterlagen?
▸▸ Fragen Sie nach dem Gesprächsaufhänger, nach den Argumentationen
▸▸ Welche Ein- und Vorwandargumentationen sind vorbereitet?

Während des Kundenbesuchs
▸▸ Einstieg in das Gespräch
▸▸ Wie ist die Beziehungsebene?
▸▸ Geht der Mitarbeiter nach seinem Plan vor?
▸▸ Funktionieren Wertschätzung und Smalltalk?
▸▸ Wie ist die Beratungstechnik des Mitarbeiters?
▸▸ Geht er zielbewusst auf den Abschluss los?

- ▸▸ Wie werden die Einwände argumentiert?
- ▸▸ Wie geht der Mitarbeiter bei der Preisverhandlung vor?
- ▸▸ Konnte der Verkauf abgeschlossen werden?
- ▸▸ Zusammenfassung Gesprächsergebnis durchgeführt?
- ▸▸ Zufriedenheit mit Gespräch geklärt?
- ▸▸ Weitere Vorgehensweise geklärt?
- ▸▸ Empfehlungsstrategie eingesetzt?
- ▸▸ Halten Sie sich zurück und greifen Sie nur ein, wenn es unbedingt erforderlich ist!

Nach dem Kundenbesuch
- ▸▸ Erinnern an die Gesprächssituation
- ▸▸ Erstellung +/- Bilanz
- ▸▸ Verbesserungen in Zukunft gemeinsam festlegen
- ▸▸ Schwerpunkte für die Zukunft festlegen

4.5 Beraterstil-Analyse zur TOJ-Bedarfsermittlung

Eine weitere Möglichkeit, den Entwicklungsbedarf z. B. bei Außendienstmitarbeitern festzustellen, stellt unsere Beraterstil-Analyse dar. Die Analyse umfasst sämtliche Aufgabenbereiche eines Beraters im Vertrieb und ist sehr gut geeignet, eine Standortbestimmung der vorhandenen Stärken und Schwächen durchzuführen. Der Mitarbeiter schätzt seine Fähigkeiten anhand eines Fragebogens mit 125 Kriterien, die im Vertrieb gefordert sind, auf einer Skala von 1 bis 7 ein. Diese Selbsteinschätzung wird mit der Bewertung des Mitarbeiters durch seinen Vorgesetzten verglichen und bietet Anlass zu einem ausführlichen Feedback-Gespräch zwischen Berater und Vorgesetztem. Die Bewertungen aller Vertriebsmitarbeiter oder einzelner Teams führen zu einer realistischen Basis, auf der Entwicklungsmaßnahmen oder die Gestaltung interner Trainings on the job aufgesetzt werden können.

Die Berater werden anhand folgender Kriterien bewertet:

Auftreten
- ▸▸ Persönlich präsentieren vor Kunden
- ▸▸ Selbstvertrauen
- ▸▸ Ausdrucksfähigkoit
- ▸▸ Selbstsicherheit

Kommunikationsfähigkeit
- ▸▸ Kontakt aufnehmen
- ▸▸ Persönliche Beziehungen gestalten
- ▸▸ Verhandlungsgeschick
- ▸▸ Feedback geben und nehmen

Konfliktfähigkeit
- ▸▸ Belastbarkeit, Ausdauer
- ▸▸ Problemlöseverhalten
- ▸▸ Geistige Beweglichkeit

Strukturiertes Handeln
- ▸▸ Zeitmanagement
- ▸▸ Ziel- und Ergebnisorientierung
- ▸▸ Planung
- ▸▸ Analytisches Denken
- ▸▸ Selbstständigkeit

Teamverhalten
- ▸▸ Weiterbewegen von Gruppen
- ▸▸ Wir-Gefühl fördern
- ▸▸ Kooperationsfähigkeit

Kundenorientierung
- ▸▸ Persönliches Menschenbild
- ▸▸ Einfühlungsvermögen
- ▸▸ Beratungsfähigkeit
- ▸▸ Lernfähigkeit
- ▸▸ Persönliche Entwicklung

Führungsverhalten
- ▸▸ Führungsanspruch, Führungswissen

4.5.1 Fragebogen Beraterstil-Analyse

Im Folgenden wird ein Auszug aus dem Fragebogen gezeigt, mit dem sich der Berater selbst bewertet:

	nie nein						immer ja
1. Ich bin auf Kundengespräche gut vorbereitet.	1	2	3	4	5	6	7
2. Ich finde immer die richtigen Worte, auch bei unerwarteten Reaktionen des Kunden.	1	2	3	4	5	6	7
3. Ich gehe aktiv auf andere Menschen zu.	1	2	3	4	5	6	7
4. Ich bin um Konstruktivität bemüht, wenn ich Kritik austeile.	1	2	3	4	5	6	7
5. Ich mache mir einen Tagesplan für die zu erledigenden Aufgaben.	1	2	3	4	5	6	7
6. Ich schaffe mehr als die anderen, da ich mir mehr zutraue.	1	2	3	4	5	6	7
7. Ich bringe praktische Beispiele in einem Beratungsgespräch ein.	1	2	3	4	5	6	7
8. Ich kann auch »Nein« sagen, ohne dass ich Probleme damit habe.	1	2	3	4	5	6	7
9. Ich sorge für einen guten Zusammenhalt im Team.	1	2	3	4	5	6	7
10. Ich organisiere mich selbst optimal, ohne Anweisungen anderer zu benötigen.	1	2	3	4	5	6	7
11. Ich kann mich sehr gut in die Lage anderer Menschen versetzen.	1	2	3	4	5	6	7
12. Ich gehe bei Verkaufsgesprächen immer strukturiert vor.	1	2	3	4	5	6	7
13. Ich setze mich kritisch mit neuen Gedanken auseinander, bevor ich sie für mich selbst anwende.	1	2	3	4	5	6	7
14. Ich bilde mich auch privat für meinen Beruf weiter, z. B. durch Lesen von entsprechender Fachliteratur.	1	2	3	4	5	6	7
15. Ich schätze meine Fähigkeiten realistisch ein.	1	2	3	4	5	6	7

	nie nein						immer ja
16. Es fällt mir leicht, auch bei unsympathischen Gesprächspartnern nicht persönlich zu werden.	1	2	3	4	5	6	7
17. Ich kann mich leicht in die Gefühlswelt eines anderen Menschen einfühlen.	1	2	3	4	5	6	7
18. Ich bemühe mich, auf andere positiv zu wirken.	1	2	3	4	5	6	7
19. Mögliche Zielkonflikte zwischen mir und meinem Gesprächspartner spreche ich unumwunden an.	1	2	3	4	5	6	7
20. Ich kann mich rasch auf neue Situationen einstellen.	1	2	3	4	5	6	7
21. Ich erkenne rasch die wahren Ursachen eines Problems, ohne mich von Vorwänden, Einwänden usw. ablenken zu lassen.	1	2	3	4	5	6	7
22. Ich ziehe jeden Tag ein Resümee über die von mir erledigten Aufgaben und übertrage unerledigte Dinge in den Plan für den nächsten Tag.	1	2	3	4	5	6	7
23. Meine Wirkung vor Kunden ist kompetent und überzeugend.	1	2	3	4	5	6	7
24. Meine Aussprache ist klar und deutlich.	1	2	3	4	5	6	7
25. Ich bin selbstkritisch.	1	2	3	4	5	6	7
26. Ich kann mit auftauchenden Spannungen gut umgehen.	1	2	3	4	5	6	7
27. Es fällt mir leicht, einen Blickkontakt über längere Zeit aufrechtzuerhalten.	1	2	3	4	5	6	7
28. Ich überlasse nichts dem Zufall und bereite meine Argumente sorgfältig vor.	1	2	3	4	5	6	7
29. Unerledigte und schwierige Aufgaben löse ich zuerst.	1	2	3	4	5	6	7
30. Ich bin Neuem gegenüber sehr aufgeschlossen.	1	2	3	4	5	6	7

Dieser Bogen enthält insgesamt 125 Kriterien, ebenso der Fragebogen für den Vorgesetzten, mit dem er den Berater bewertet.

4.5.2 Muster-Auswertung

Beraterstil-Analyse

Vergleich von Eigen- und Fremdbild, nach Hauptkriteriengruppen zusammengefasst

Beraterverhalten Beurteilungskriterien-Hauptgruppen	Berater	Vorgesetzter		Diff.
1. Auftreten	5,3	4,1		-1,2
2. Kommunikationsfähigkeit	4,8	4,7		-0,1
3. Konfliktfähigkeit	5,2	4,8		-0,4
4. Strukturiertes Handeln	5,2	4,7		-0,5
5. Teamverhalten	5,1	5,2		0,1
6. Kundenorientierung	5,1	4,7		-0,4
7. Führungsverhalten	5,0	4,5		-0,5
Durchschnittliche Gesamtbewertung	5,1	4,7		-0,4

Beraterstil-Analyse

Ergebnis: Vergleich der Eigen- und Fremdbeurteilung nach Kriteriengruppen zusammengefasst:

	Berater	Vorgesetzter		Diff.
1. Auftreten				
▸ Persönlich präsentieren vor Kunden	5,8	4,4		-1,4
▸ Selbstvertrauen	5,1	4,1		-1,0
▸ Ausdrucksfähigkeit	4,7	3,2		-1,5
▸ Selbstsicherheit	5,5	4,8		-0,7
Durchschnittliche Bewertung	5,3	4,1		-1,2
2. Kommunikationsfähigkeit				
▸ Kontakt aufnehmen	4,8	5,0		0,2
▸ Persönliche Beziehungen gestalten	5,5	4,8		-0,7
▸ Verhandlungsgeschick	4,4	4,8		0,4
▸ Feedback geben und nehmen	4,5	4,3		-0,2
Durchschnittliche Bewertung	4,8	4,7		-0,1
3. Konfliktfähigkeit				
▸ Belastbarkeit/Ausdauer	4,8	4,6		-0,2
▸ Problemlöseverhalten	5,5	4,5		-1,0
▸ Geistige Beweglichkeit	5,4	5,2		-0,2
Durchschnittliche Bewertung	5,2	4,8		-0,4

	Berater		Vorgesetzter		Diff.
4. Strukturiertes Handeln					
▸ Zeitmanagement	5,0		3,2		-1,8
▸ Ziel- und Ergebnisorientierung	6,0		5,3		-0,7
▸ Planung	4,4		4,8		0,4
▸ Analytisches Denken	5,0		5,7		0,7
▸ Selbstständigkeit	5,8		4,3		-1,5
Durchschnittliche Bewertung	5,2		4,7		-0,5
5. Teamverhalten					
▸ Weiterbewegen von Gruppen	5,0		4,8		-0,2
▸ Wir-Gefühl fördern	5,0		5,3		0,3
▸ Kooperationsfähigkeit	5,3		5,5		0,2
Durchschnittliche Bewertung	5,1		5,2		0,1
6. Kundenorientierung					
▸ Persönliches Menschenbild	4,8		4,8		0,0
▸ Einfühlungsvermögen	4,7		4,7		0,0
▸ Beratungsfähigkeit	4,9		4,6		-0,3
▸ Lernfähigkeit	5,0		4,3		-0,7
▸ Persönliche Entwicklung	6,2		5,3		-0,9
Durchschnittliche Bewertung	5,1		4,7		-0,4
7. Führungsverhalten					
▸ Führungsanspruch, -wissen	5,0		4,5		-0,5

Beraterstil-Analyse

Zusammenführung von Berater- und Vorgesetzten-Fragebogen. Dabei wurden die einzelnen Punkte zu Kriteriengruppen zusammengefasst, um eine detaillierte Aussage zum Stärken-/ Schwächenprofil des Beraters machen zu können.

Die Auswertung wird auszugsweise dargestellt:

(Bewertung von 1 bis 7, 1 = nie, nein, 7 = immer, ja)

1. Auftreten			
Persönlich präsentieren vor Kunden	**Berater**		**Vorgesetzter**
▸ Gute Vorbereitung auf Kundengespräche	5		4
▸ Outfit passt zum beruflichen Umfeld	6		4
▸ Wirkung vor Kunden ist kompetent und überzeugend	6		4
▸ Verwendung von Präsentationshilfsmitteln wie Folder, Flipcharts, speziell für den Kunden vorbereitete Unterlagen etc.	5		4
▸ Einbringung praktischer Beispiele in einem Beratungsgespräch	7		6
Durchschnittliche Bewertung	5,8		4,4
Selbstvertrauen			
▸ Von den eigenen Fähigkeiten überzeugt sein	6		4
▸ Schwer aus der Ruhe zu bringen sein, da innerlich sehr ausgeglichen	5		4
▸ Selbstkritisch	3		3
▸ Kompetente Einbringung der persönlichen Meinung	6		5
▸ Auch bei Konfrontationen Ruhe und Überblick bewahren	6		5
▸ Mehr als die anderen schaffen, da größeres Zutrauen	6		4
▸ Konsequent, sich selten von seinen Vorstellungen abbringen lassen	4		4
Durchschnittliche Bewertung	5,1		4,1
Ausdrucksfähigkeit			
▸ Klare und deutliche Aussprache	4		3
▸ Sprechen ohne Pausenfüller wie »äh«, »ah«, »d. h.« usw.	5		3

	Berater		Vorgesetzter
▸ Immer die richtigen Worte finden, auch bei unerwarteten Reaktionen des Kunden	4		3
▸ Verständliche und klare Informationen geben	6		4
▸ Ausgewogene und authentische Körpersprache	3		3
▸ Sich vergewissern, ob einen der Kunde auch richtig verstanden hat	6		3
Durchschnittliche Bewertung	4,7		3,2
Selbstsicherheit			
▸ Sich bemühen, auf andere positiv zu wirken	6		6
▸ Bestimmtes und sicheres Auftreten gegenüber anderen	6		5
▸ Mit auftauchenden Spannungen gut umgehen können	3		3
▸ Ein optimistischer Mensch sein und eine positive Einstellung zum privaten und beruflichen Umfeld haben	7		5
Durchschnittliche Bewertung	5,5		4,8

2. Kommunikationsfähigkeit

Kontakt aufnehmen

	Berater		Vorgesetzter
▸ Aktiv auf andere Menschen zugehen	6		5
▸ Gesprächspartner bewusst aktivieren	4		6
▸ Gerne viele unterschiedliche Menschen kennenlernen	6		5
▸ Einen Blickkontakt über längere Zeit aufrechterhalten	3		4
▸ Immer Themen zur Hand haben, um Gespräche in Gang zu bringen	5		5
Durchschnittliche Bewertung	4,8		5,0

Persönliche Beziehungen gestalten

	Berater		Vorgesetzter
▸ Offen und vertrauensvoll auf andere zugehen	5		6
▸ Gesprächspartner zu persönlichen Aussagen aktivieren	5		4
▸ Sich leicht in die Gefühlswelt eines anderen Menschen einfühlen können	6		4
▸ In einem Gespräch eine persönliche Ebene herstellen	6		5
Durchschnittliche Bewertung	5,5		4,8

	Berater		Vorgesetzter
Verhandlungsgeschick			
▸ Ziele und Absichten in Gesprächen transparent machen	5		5
▸ Sich Klarheit über die Gesprächsziele des Gesprächspartners verschaffen	6		6
▸ Auch in wichtigen Verhandlungen gut mit innerer Anspannung umgehen können	3		3
▸ Gerne die Gesprächsführung übernehmen	4		6
▸ Sehr rasch auf eine andere Taktik umschwenken können, wenn eine Verhandlungsstrategie nicht aufgeht	5		5
▸ Nichts dem Zufall überlassen und Argumente sorgfältig vorbereiten	4		3
▸ Sich auch gegenüber ranghöheren Gesprächspartnern bewusst durchsetzen können	3		5
▸ Mögliche Zielkonflikte zwischen sich und einem Gesprächspartner unumwunden ansprechen	5		5
Durchschnittliche Bewertung	4,4		4,8
Feedback geben und nehmen			
▸ Mit Kritik an der eigenen Person gelassen umgehen	3		4
▸ Großes Interesse an Feedback zur eigenen Person haben	5		5
▸ Um Konstruktivität bemüht sein, wenn man Kritik austeilt	6		5
▸ Keine unnötigen Rechtfertigungen bei erhaltener Kritik	4		3
Durchschnittliche Bewertung	4,5		4,3

6. Kundenorientierung

Persönliches Menschenbild

	Berater		Vorgesetzter
▸ Grundsätzlich positiv über andere Menschen denken	5		5
▸ Sich grundsätzlich ein umfassendes Bild von einem Menschen machen, bevor man sich ein Urteil bildet, und dabei wenig Wert auf Äußerlichkeiten legen	4		5
▸ Interessiert auf andere zugehen, da Menschen und ihre Umstände/Probleme einen faszinieren	4		5

	Berater		Vorgesetzter
▸ Anderen Menschen gerne helfen und aufrichtig an ihren Anliegen interessiert sein	6		5
▸ Anderen leicht Fehler verzeihen, nichts nachtragen und so eine trägfähige Basis der Zusammenarbeit schaffen	5		4
Durchschnittliche Bewertung	4,8		4,8
Einfühlungsvermögen			
▸ Sich sehr gut in die Lage anderer Menschen versetzen können	4		5
▸ Rasch eine Vertrauensbasis zwischen sich und seinem Gesprächspartner aufbauen	5		5
▸ Auch bei unsympathischen Gesprächspartnern nicht persönlich werden	4		5
▸ Die Gefühlslage und Stimmung eines Gesprächspartners klar erkennen	6		4
▸ Schnell freundschaftliche Kontakte schließen	6		5
▸ Gefühle gut verbergen können, auch wenn man emotional stark betroffen ist	3		4
Durchschnittliche Bewertung	4,7		4,7
Beratungsfähigkeit			
▸ Strukturierte Vorgehensweise bei Verkaufsgesprächen	4		2
▸ Jedes Gespräch mit einem verbindlichen Ergebnis abschließen	5		5
▸ Gezielt auf Einwände des Kunden eingehen	4		5
▸ Kundengespräche aktiv führen und möglichst viele Informationen vom Kunden einholen, um ein passendes Angebot oder auch Zusatzangebot machen zu können	6		5
▸ Bei Verkaufsgesprächen sattelfest und nur schwer zu verunsichern sein	5		5
▸ Den richtigen Einstieg für ein erfolgreiches Kundengespräch finden	6		5
▸ In Kundengesprächen sachlich argumentieren und Gefühle aus dem Spiel lassen	5		6
▸ Immer den roten Faden in einem Gespräch verfolgen und sich nicht ablenken lassen	4		4
Durchschnittliche Bewertung	4,9		4,6

	Berater		Vorgesetzter
Lernfähigkeit			
▸ Positiv über Veränderungen denken, die den eigenen Arbeitsplatz betreffen	6		5
▸ Sich für viele berufliche Themen interessieren; so viel wie möglich lernen wollen	5		5
▸ Sich kritisch mit neuen Gedanken auseinandersetzen, bevor man sie für sich selbst anwendet	4		4
▸ Sich auch privat für den Beruf weiterbilden, z. B. durch Lesen von entsprechender Fachliteratur	5		3
Durchschnittliche Bewertung	5,0		4,3
Persönliche Entwicklung			
▸ Identifikation mit dem Job	6		6
▸ Klare Ziele für die Laufbahn im Unternehmen haben	7		5
▸ Immer wissen, was man will	5		5
▸ Die eigenen Fähigkeiten realistisch einschätzen	6		5
▸ Sich für sehr geeignet für eine Tätigkeit als Verkäufer/Berater halten	7		5
▸ Zufriedenheit mit bisheriger Entwicklung und derzeitiger Tätigkeit	6		6
Durchschnittliche Bewertung	6,2		5,3
7. Führungsverhalten			
Führungsanspruch, -wissen			
▸ Führungsanspruch erheben, wo immer es möglich ist	5		5
▸ Gutes Potenzial zur Weiterentwicklung als Führungskraft	5		3
▸ Bereits einiges Wissen über Führung, Führungsstile und Führungsaufgaben angeeignet	6		4
▸ Bereitschaft, Aufgaben, die eigentlich in den Tätigkeitsbereich des Vorgesetzten fallen, zu übernehmen	4		6
Durchschnittliche Bewertung	5,0		4,5

4.5.3 Bearbeitung Ergebnis

Einzelbearbeitung des Ergebnisses

Jeder Berater arbeitet sein Ergebnis durch, hält seine Stärken/Schwächen und Verbesserungsmaßnahmen fest und führt ein ausführliches Feedback-Gespräch mit seinem Vorgesetzten.

Feedback-Gespräch

Vorbereitung
- ▸▸ Studium der Auswertungen
- ▸▸ Eigenes Bild des Mitarbeiters zusammenfassen
- ▸▸ Maximal fünf Punkte zur Verbesserung vorbereiten
- ▸▸ Terminvereinbarung mit Mitarbeiter mit zeitgerechter Übergabe der Analyseergebnisse
- ▸▸ Vorbereitung des Mitarbeiters: Erarbeitung einer Stärken-/Schwächenbilanz (maximal jeweils fünf Punkte) mit Maßnahmenplanung zur Umsetzung bzw. Verbesserung in der Praxis
- ▸▸ Dauer des Gesprächs ca. 60 Minuten

Gespräch
- ▸▸ Positiver Einstieg
- ▸▸ Den Mitarbeiter beginnen lassen (Wie sieht er seine Ergebnisse? Welche Hauptaussagen liefert die Analyse? Welche Rückschlüsse hat der Mitarbeiter gezogen?)
- ▸▸ Persönliches Bild des Vorgesetzten vom Mitarbeiter darstellen
- ▸▸ Genaue gemeinsame Analyse der Ergebnisse (Punkt für Punkt gemeinsam durchgehen)
- ▸▸ Zusammenfassung der zukünftigen Schwerpunkte
- ▸▸ Erarbeitung von Maßnahmen zur erfolgreichen Verbesserung
- ▸▸ Erstellung eines genauen Zeitplanes (was, wie, wann)
- ▸▸ Kontrollen der Umsetzung klären
- ▸▸ Erstellung Besprechungsprotokoll (wie verbleiben wir?)
- ▸▸ Wertschätzung und Dank für Vertrauen und Offenheit

Nachbearbeitung
- ▸▸ Protokoll
- ▸▸ Stichprobenkontrollen über die erfolgte Umsetzung bzw. Termineinhaltung

Maßnahmen aufgrund des Analyse-Ergebnisses

Erarbeitung eines Aktivitätenplanes nach Eigenanalyse der Auswertungen

Was?	Bis wann?

Feedback-Gespräch mit Vorgesetztem/Kollegen über die zu verbessernden Punkte

Was?	Bis wann?

Zusammenfassung aller Vertriebsmitarbeiter

Zur gesamten Darstellung der Entwicklungsnotwendigkeiten werden die Auswertungen aller Vertriebsmitarbeiter zusammengeführt. Der Vertriebsleiter, der mit allen Mitarbeitern ein Feedback-Gespräch geführt hat, leitet aus den Ergebnissen den Trainings- und Entwicklungsbedarf für das Team ab. Nach einigen Jahren kann wieder eine Beraterstil-Analyse zur Erfolgskontrolle durchgeführt werden.

5. PROJEKTMANAGEMENT ALS FÜHRUNGSKRAFT

Projekte sind eine Arbeits- und Organisationsform zur Lösung innovativer, neuartiger und komplexer Aufgabenstellungen. Viele Unternehmen stehen vor der Frage, wie ein effektives Projektmanagement auf- und ausgebaut werden kann. Aktuelle Untersuchungen zeigen, dass in keinem anderen Bereich mehr Geld »in den Sand gesetzt wird« als in Projekten. Ursachen dafür gibt es viele. Zu den häufigsten gehören jedoch mangelnde Unterstützung von der Geschäftsführung, schlechte Projektvorbereitung und -planung, nicht vorhandenes Risikomanagement, unüberbrückbares Abteilungsdenken sowie unzureichend ausgebildete Projektleiter.

Um diese und andere Fehler zu vermeiden, sollte ein wirksames Projektmanagement folgende Merkmale aufweisen:
- ▸▸ Genaue Bedarfsanalyse und Projektbestimmung
- ▸▸ Klare Zielsetzung
- ▸▸ Abgrenzung gegenüber Routinetätigkeiten
- ▸▸ Nachvollziehbare Projektstruktur
- ▸▸ Finanzieller und personeller Rahmen (geplante Ressourcen)
- ▸▸ Zeitliche Begrenzung, Terminplanung
- ▸▸ Fachübergreifende Zusammenarbeit mehrerer Mitarbeiter oder Abteilungen
- ▸▸ Eigene Organisationsform
- ▸▸ Laufende Kontrolle der einzelnen Projektschritte

Wann ist ein »Projekt« sinnvoll?

Ab wann eine Aufgabe oder ein Auftrag eher Projekt als Routine ist, wird sicherlich in jedem Unternehmen unterschiedlich bewertet. Um ein Projekt handelt es sich eigentlich dann, wenn auf das Unternehmen oder eine Abteilung eine mehr oder weniger komplexe und innovative Aufgabe zukommt, die mit den bisherigen Strukturen und Bearbeitungsmethoden nicht wirklich effizient erledigt werden kann und zu deren Erledigung Mitarbeiter unterschiedlicher Funktionen und Fähigkeiten heranzuziehen sind.

5.1 Die Projektorganisation

Es gibt vier gängige Vorgehensweisen, Projekte zu organisieren:

Projektmanagement in Linienfunktion

In der Praxis übernimmt hier der Abteilungsleiter die Verantwortung. Das Projekt wird innerhalb seines Bereichs durchgeführt, es gibt keine Einrichtung projektspezifischer Stellen. Das Projekt wird auch nicht eigenständig geführt, sondern im Rahmen des operativen Geschäfts abgewickelt. Es ist keine Organisationsveränderung notwendig. Ein weiterer Vorteil ist, dass sich alle Beteiligten kennen. Als Nachteil ist das Fehlen der Sichtweisen anderer Abteilungen und Personen zu nennen. Diese Organisationsform ist geeignet für kleine und einfache Projekte.

Stabs-Projektorganisation

Hier wird zur Durchführung des Projekts ein »Projektstab« definiert. Dieser Projektstab greift auf die vorhandenen Ressourcen innerhalb der Abteilungen zurück und koordiniert die Informationssammlung, Entscheidungsvorbereitung und Berichterstattung. Die Mitarbeiter bleiben in den Abteilungen, als Projektleiter wird eine Linien-Führungskraft eingesetzt.

Diese Form der Projektarbeit ist schnell realisierbar, der Projektleiter wird durch den Stab entlastet, und eine praxisnahe Bearbeitung des Projektes ist gewährleistet. Ein Nachteil können auftretende Konflikte zwischen dem Projektstab und dem Projektleiter sein sowie Zeitverluste in der Kommunikation.

Diese Projektform ist für kleine Projekte geeignet, die nicht bereichsübergreifend durchgeführt werden müssen.

Matrix-Projektorganisation

Diese sehr häufige Organisationsform beruht auf der Kompetenzaufteilung zwischen Linien-Mitarbeitern und Führungskräften und einem eigenen Projektleiter. Die Mitarbeiter bleiben in ihren Abteilungen und sind nur im Rahmen des Projekts dem Projektleiter unterstellt. Der Projektleiter erhält nur das projektbezogene, fachliche Weisungsrecht und nicht die disziplinäre Verantwortung gegenüber den Projektteilnehmern.

Die Vorteile der Matrix-Organisation liegen in der klaren Kompetenzaufteilung, was die Projektleitung betrifft. Zu Schwierigkeiten kann führen, dass die Projektteilnehmer zwei Leitern, dem Vorgesetzten und dem Projektleiter, unterstellt sind und so Interessenskonflikte ausgelöst werden.

Diese Organisationsform ist für mittelgroße Projekte geeignet.

Reine Projektorganisation

Das Projekt erhält eine völlig eigenständige Organisationsform, die Projektgruppe tritt nach außen geschlossen auf. Der Projektleiter trägt die volle Verantwortung für sein Team und ist auch Disziplinarvorgesetzter. Die für das Projekt abgestellten Mitarbeiter sind meist hoch qualifiziert und beschäftigen sich nur mit dem Projekt. Das Projekt wird mit einer klaren Zielsetzung und einem exakten Terminplan definiert. Nach Beendigung des Projektes löst sich das Team auf und kehrt in die ursprünglichen Abteilungen zurück.

Die Vorteile der reinen Projektorganisation sind, dass eine hohe Projektidentifikation, leichtere Kooperation und Kommunikation, eindeutige Kompetenzzuordnung, Kontinuität und Know-how-Transfer sichergestellt werden.

Zu Schwierigkeiten kommt es meist nur, wenn das Projekt nicht effektiv und straff geführt ist und die Projektmitarbeiter nicht ausgelastet sind. Wenn Projekte zu lange dauern, kann es zu Problemen bei der Wiedereingliederung in die vorherigen Abteilungen kommen.

Diese Projektform wird für große, umfangreiche und länger dauernde Projekte gewählt.

5.2 Das Projektteam

Welche Teamgröße ist ideal?

Ein Projektteam kann aus nur zwei, aber auch bis zu zehn und mehr Mitarbeitern bestehen. In der Praxis wird die Größe des Teams abhängig von der strategischen Wichtigkeit des Projektes sein. Je mehr Mitglieder im Team sind, desto breitere Wirkung hat das Projekt. Ein großes Team setzt allerdings eine gekonnte Projektführung und -organisation voraus.

Das Team sollte eine gute Mischung verschiedener Fähigkeiten und Erfahrungen beinhalten. Wichtig dabei ist, dass die Projektmitarbeiter auch mit Freude und Engagement an das Projekt herangehen und bereit sind, gegebenenfalls Überstunden zu leisten.

Zur Zusammenstellung eines Projektteams sind folgende Fragen wichtig:
- Welche Fähigkeiten und Kompetenzen werden für das Projekt benötigt?
- Wie viel Arbeitskapazität werden die einzelnen Personen einbringen müssen?
- Gibt es Themen, die niemand intern übernehmen kann?
- Wie sollte das Team zusammengestellt werden?
- Wie stehen die Teammitglieder zueinander?
- Wo liegen mögliche Potenziale bzw. Blockaden?
- Wie können sich die Teammitglieder mit diesem Projekt identifizieren?
- Ist eine Breitenwirkung mit dem Projektteam möglich?
- Welche besonderen Fähigkeiten benötigt die Führung dieses Teams?
- Wann ist die beste Zeit für die Teambesprechungen?

Welche Voraussetzungen benötigt der Projektleiter?

Der Projektleiter sollte neben den üblichen Führungsqualitäten einen kooperativen Arbeitsstil besitzen. Er muss die Menschen einschätzen, anleiten, integrieren, fordern, fördern, motivieren und weiterentwickeln können. Um innovative Leistungen zu erbringen, braucht er selbst nicht nur Fachwissen und Erfahrung, sondern muss auch kreatives Denken fördern und mit entsprechenden Techniken die Mitarbeiter dazu fordern. Er braucht Durchsetzungsvermögen und diplomatisches Geschick, um das Projekt auch im Unternehmen auf höchsten Ebenen vorantreiben zu können.

Zusammenfassend sollte der Projektleiter folgende Themen beherrschen:
- Moderation von Teams
- Wirkungsvoll präsentieren können
- Überzeugendes Argumentationsvermögen
- Effektives Zeitmanagement und Selbstorganisation
- Strukturiertes Vorgehen während der Projektphase
- Motivation aller Beteiligten des Projektes
- Konfliktmanagement zur Aufarbeitung von entstehenden Spannungen

Aufgaben des Projektteams

Die Kompetenzen des Teams werden durch Richtlinien vorgegeben. Bei der Durchführung des Projekts agiert das Team jedoch frei und wählt die Methoden und Werkzeuge zur Bearbeitung des Projektauftrags selbst aus. Die Grundlage der Teamarbeit bildet der Gedanke, dass nicht die Leistungen Einzelner, sondern erst die Fähigkeiten und Kenntnisse aller Teammitglieder den Erfolg bringen. Zu den Aufgaben eines Projektteams gehören:

- ▸▸ Abstimmen der Lösungswege mit dem Projektleiter
- ▸▸ Kommunikation und Abstimmung der Ergebnisse untereinander
- ▸▸ Finden von Lösungen für Probleme, die das ganze Team betreffen
- ▸▸ Aktive Teilnahme an den Teamsitzungen
- ▸▸ Testen der erzielten Ergebnisse auf ihre Durchführbarkeit und Wirksamkeit hin
- ▸▸ Regelmäßige Rückmeldungen über den Stand der Projektarbeit an den Projektleiter
- ▸▸ Informationen an alle Betroffenen weitergeben
- ▸▸ Aktive Weiterbildung und Teilnahme an Maßnahmen zur Teamentwicklung

Der Synergieeffekt der Teamarbeit tritt dann ein, wenn bestimmte Voraussetzungen gegeben sind, d. h. wenn:

- ▸▸ eine allgemeine Verständigung und Akzeptanz über die Projektziele besteht
- ▸▸ Einigkeit über die Vorgehensweise herrscht
- ▸▸ gemeinsame Regeln befolgt werden
- ▸▸ Rollen und die Aufgabenverteilung geklärt sind.

Die Projektgruppe ist dann ein gutes Team, wenn alle Beteiligten ein Interesse daran haben, ein herausforderndes Ziel gemeinsam zu erreichen. Jedes Teammitglied fördert die Teamfähigkeit und ist bereit, sich weiterzuentwickeln und das eigene Weiterkommen in den Dienst der gemeinsamen Sache zu stellen.

Teamentwicklung

In Projekten kommt es immer wieder zu Phasen des Stillstands oder zu Durststrecken. Ursachen können sein, dass die Motivation der Mitarbeiter nachlässt, Probleme auftreten, die unlösbar erscheinen, Zwischenergebnisse nicht den Anforderungen entsprechen oder der Fortbestand des Projekts gefährdet erscheint. Die Stimmung im Team verschlechtert sich, es treten Spannungen auf, und die Leistungen der Mitarbeiter lassen nach. In einer derartigen Projektphase kommt es auf die Kompetenz des Projektleiters an, der die Teammitglieder neu motivieren muss und eine Teamentwicklung einleitet.

Teamentwicklung kann, wie in Kapitel 2 dargestellt, nun bedeuten, Maßnahmen zu ergreifen, die auf der Beziehungsebene wirken, d. h. die Teambeziehungen klären und Stärken und Potenziale freisetzen. Oder das Projektteam wird durch Schulungs- bzw. Trainingsmaßnahmen begleitend zum Projektverlauf zu Themen geschult, die die Projektarbeit verbessern sollen, wie: Kommunikation, Spielregeln, strukturiertes Arbeiten, Durchführung von Meetings, Informationsaustausch und Dokumentation.

Teamentwicklung ist aber auch der Prozess, den das Projektteam während der Projektarbeit durchmacht. Das Lernen durch die Arbeit am Projekt soll die Leistung und Kommunikation der Projektmitarbeiter verbessern. Das Team arbeitet laufend an sich.

5.3 Die Projektstruktur

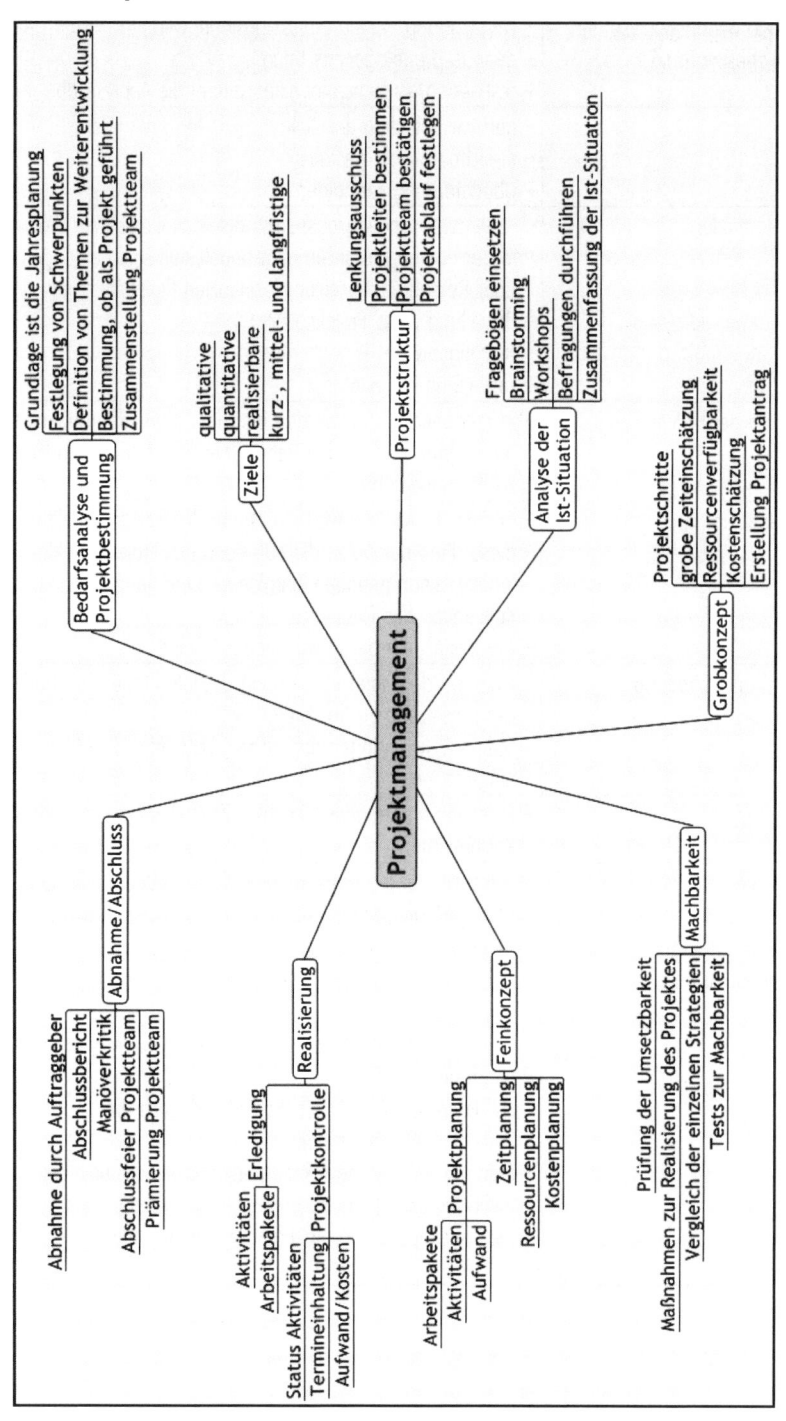

Ein Projekt beinhaltet:

▸ Genaue Bedarfsanalyse und Projektbestimmung	– Entscheidung, ob ein Projekt gestartet wird – genaue Grundlagenforschung – Festlegung von Schwerpunkten rundet die Analyse ab
▸ Ziele	– genaue Definition der Ziele – erreichbare Ziele gestalten – Überforderung vermeiden
▸ Projektstruktur	– Festlegung Lenkungsausschuss als Kontrollorgan für Projekte: in der oberen Hierarchie angesiedelt, trifft Entscheidungen über Ressourcenfreisetzung, kontrolliert Projektfortschritt – Bestellung eines Projektleiters – Bestätigung des Projektteams – Festlegung Projektablauf
▸ Analyse der Ist-Situation	– in moderierter Form werden die Ideen und Erfahrungen des Teams bearbeitet und zu einer übersichtlichen Ist-Situation zusammengeführt
▸ Grobkonzept	– aus der Ist-Analyse wird ein grober Projektplan erstellt – dieser Plan beinhaltet die Aufteilung des Projekts in klare Schritte, einen genauen Zeitplan und die endgültige Kalkulation des Ressourceneinsatzes – meist wird hier der Projektantrag definiert
▸ Machbarkeitsprüfung	– während der Projektentwicklung ist laufend die Machbarkeit der Umsetzung zu überprüfen – sollten Abweichungen auftauchen, wird sofort darauf eingegangen
▸ Feinkonzept	– Erstellung von genauen Projekt-, Zeit-, Ressourcen- und Kostenplänen
▸ Realisierung	– wesentlich ist die Umsetzbarkeit des entwickelten Projekts – genaue Maßnahmen und Verantwortungsbereiche werden definiert
▸ Abnahme, Abschluss	– nach Beendigung des Projektes wird eine Präsentation vorbereitet – meist folgt auf die Präsentation die Entscheidung, ob Projekt so umgesetzt wird – der Projektleiter kann zur Präsentation auch die Projektteilnehmer einladen – Planung einer Manöverkritik nach der Umsetzung – wenn Projekt erfolgreich abgeschlossen wurde, dann sollten die Projektteilnehmer Anerkennung dafür erhalten (Feier, Prämie etc.)

Zehn dumme Fehler beim Projektmanagement

Projekte scheitern meist an den gleichen vermeidbaren Fehlern:

▸▸ Keine klare Zielsetzung und Struktur des Projektes
▸▸ Mitarbeiter sind nicht motiviert oder werden zum Projekt gezwungen
▸▸ Projektleiter hat keine Führungskompetenz
▸▸ Zu lange Diskussionen ohne Ergebnis
▸▸ Projektfortschritte werden nicht dokumentiert
▸▸ Aufgaben werden nicht termingerecht abgearbeitet
▸▸ Disziplin der Teilnehmer an Projektsitzungen schwindet mit zu langer Dauer des Projektes
▸▸ Zu wenig Zeit und Raum für Projekttätigkeiten (Projekt hat zu wenig Priorität)
▸▸ Keine Unterstützung von oben und durch Projektleiter
▸▸ Begeisterung für das Projekt fehlt

6. DIE AUSWAHL VON MITARBEITERN

Jede Führungskraft braucht neue Mitarbeiter passend zur gestellten Aufgabe und zum Team. Für die Potenzial-Analyse und die Selektion von Mitarbeitern stehen unterschiedliche Methoden zur Verfügung. Diese können anforderungsspezifisch variiert und miteinander kombiniert werden.

Die Mitarbeiter können nach folgenden Kriterien ausgewählt werden:
- Erfüllung von Anforderungsprofilen, wie sie z. B. in Anzeigentexten definiert werden
- Analyse schriftlicher Bewerbungsunterlagen (Lebenslauf, Zeugnisse, Referenzen)
- Personalbogen
- Psychologische Testbatterien
- Biografische Lebenslaufanalyse
- Interview, Bewerbungsgespräch
- Assessment-Center
- Strukturiertes Interview

Die bekannteste Auswahlstrategie ist:
1. Schalten einer Anzeige mit/ohne Personalberatung
2. Analyse schriftlicher Bewerbungsunterlagen
3. Psychologische Testverfahren
4. Bewerbungsgespräche in Interviewform

Die entscheidende Frage bei jeder Auswahlstrategie ist der Aufwand, mit dem der bestmögliche Bewerber für die gestellten Anforderungen gefunden werden soll. Dieser Aufwand wird variieren, abhängig von der Anforderung der zu besetzenden Stelle und den Auswahlmöglichkeiten am Arbeitsmarkt. Wichtig ist natürlich auch die Entscheidung, ob Stellen mit Mitarbeitern aus dem Unternehmen oder extern zu besetzen sind.

Es ist schwierig, bei der Auswahl von Mitarbeitern den späteren Berufserfolg zu prognostizieren, denn jede Prognose enthält Unsicherheitsfaktoren. Wissenschaftliche Untersuchungen haben die folgende Validität von Auswahl-Instrumentarien und den jeweils damit erreichten Aussagen ergeben:

Zeugnis-Analyse	0 – 30 %
Interview	0 40 %
Tests	20 – 50 %
Biografische Analyse	30 – 50 %
Strukturiertes Interview	40 – 75 %
Assessment-Center	40 – 80 %

Im Folgenden werden die wichtigsten Auswahl-Verfahren dargestellt.

FÜHRUNGSKRAFT UND TEAM

6.1 Checkliste: Fragen zum Lebenslauf

- In welcher Form wurde der Lebenslauf übermittelt?
  - geordnet und übersichtlich
  - Interesse weckende Gesamtgestaltung
- Sind die Personaldaten komplett?
- Sind die einzelnen Entwicklungsabschnitte chronologisch angeführt?
- Welche Grundausbildung wurde in welcher Zeit bewältigt?
- Welche Ausbildungswege wurden nach den Grundschuljahren beschritten?
- In welchen Unternehmen konnten welche Ausbildungen gemacht werden?
- Gibt es eine durchgehende Entwicklungslinie von der Absolvierung der Schule bis zur jetzigen Bewerbung?
- Gibt es längere Beschäftigungslücken?
- Wie lange blieb der Bewerber durchschnittlich in einem Unternehmen?
- Welche besondere Ausbildung hat der Bewerber im Rahmen der Absolvierung einer Universität/Fachhochschule/Akademie erworben?
- In welchen Fachbereichen hat der Bewerber Erfahrungen gesammelt?
- Welche sonstigen Initiativen sind beim Bewerber erkennbar?
- Hatte der Bewerber schon eine Führungsposition?
- War der Bewerber in einer mobilen Tätigkeit aktiv?
- Welche besonderen Interessen sind beim Bewerber aus seiner bisherigen Laufbahn erkennbar?
- Welchen Grund hat der Bewerber für die berufliche Veränderung angegeben?

6.2 Checkliste: Fragen zur Referenzeinholung

Diese Fragen helfen, bei der Referenzeinholung gezielte Informationen über den Bewerber zu erhalten (Einverständnis des Bewerbers muss vorhanden sein).

- Wann und wie lange war Herr/Frau ... bei Ihnen beschäftigt?
- Welche Aufgabengebiete hatte Herr/Frau ... bei Ihnen?
- Welche Abteilungen hat Herr/Frau ... kennengelernt?
- Welche Zusatzqualifikationen hat sich der Bewerber während seiner Tätigkeit in Ihrem Unternehmen angeeignet?
- Welche speziellen Erfahrungen konnte Herr/Frau ... machen?
- Inwieweit war Herr/Frau ... in Entscheidungsprozesse einbezogen?
- Welche speziellen Führungsfunktionen nahm er/sie wahr?
- Welche Fortbildungsmaßnahmen besuchte er/sie?
- Welche Kontrollfunktionen nahm er/sie wahr?
- Ist er/sie belastbar?
- Hatte Herr/Frau ... private Schwierigkeiten während dieser Zeit?
- Warum hat Herr/Frau ... Ihr Unternehmen verlassen?
- Was waren die besonderen Stärken/Schwächen von Herrn/Frau ...?
- War Herr/Frau ... teamfähig?
- Würden Sie Herrn/Frau ... wieder einstellen?
- Welche Gründe führten zum Ausscheiden von Herrn/Frau ...?

6.3 Personalbogen

Als Beispiel wird der Personalbogen eines Handelsunternehmens dargestellt (mit freundlicher Genehmigung der Firma A. Sochor & Co GmbH).

Personalbogen:
Bitte diesen Bogen handschriftlich ausfüllen!

Abteilung/Filiale/Markt-Nr.: _____

Position: _____

Bewerbung erfolgt aufgrund von:

Empfehlung durch: _____

Anzeige in der Zeitung: _____

Eigeninitiative: _____

Vermittlung durch das Arbeitsamt: _____

> LICHTBILD!
>
> Bitte diesen Raum nicht beschriften!

A. Persönliche Daten:

1. Familienname: _____

2. ggf. Geburtsname: _____

3. Vorname: _____

4. Staatsangehörigkeit: _____

5. Geburtsdatum: _____

6. Geburtsort: _____

7. Familienstand: _____

8. Religion: _____

9. Derzeitiger Beruf od. Tätigkeit? _____

10. Verfügen Sie über einen eigenen Hausstand? ____

B. Wohnung:

1. Straße, Hausnummer: _____

2. Wohnort (mit PLZ): _____

3. evtl. 2. Wohnsitz: _____

4. Telefon (mit Vorwahl): _____

Nur für Ausländer: Aufenthaltserteilung erteilt am: _____ gültig bis: _____

erteilt durch: _____

Arbeitserlaubnis erteilt am: _____ gültig bis: _____ erteilt durch: _____

Seit wann befinden Sie sich in Österreich? _____

C. Angehörige:

1. Name des Ehegatten: _____

2. Vorname: _____

3. Geburtsname: _____

4. Geburtsdatum: _____

5. Ist Ihr Ehegatte beschäftigt, bzw. in einer Berufs- oder Schulbildung (auch Studium)? _____

6. Anzahl der Kinder: _____

7. Leben alle Kinder in Ihrem Haushalt? _____

Name:	Geburtsdatum:
_____	_____
_____	_____
_____	_____
_____	_____

D. Ausbildung (Schulen):

Welche Schulen besuchten Sie?

Ort: _____ von: _____ bis: _____ Abschlussprüfung als: _____

_____ _____ _____ _____

_____ _____ _____ _____

_____ _____ _____ _____

_____ _____ _____ _____

_____ _____ _____ _____

E. Berufsausbildung:

1. Lehre: _____ von: _____ bis: _____ Abschluss: _____

Ausbildungsbetrieb: _____

Lehre: _____ von: _____ bis: _____ Abschluss: _____

Ausbildungsbetrieb: _____

2. Kurse, Seminare, Prüfungen

von	bis	Institution	Thema des Kurses oder Seminars

3. Fremdsprachenkenntnisse: 0 = Muttersprache,   1 = Sehr gut,   3 = Grundkenntnisse

Sprache	Schreiben	Sprechen	Verstehen	Lesen	Besonderheit (z.B. im Ausland erworben)

4. Sonstige besondere Kenntnisse: _____

_____

_____

5. Führerschein Klasse: _____   seit: _____

6. Besitzen Sie einen Pkw? _____

F. Bisherige Tätigkeit: (lückenlos, auch Wehrdienst, Studium, Stellenlosigkeit usw.)

1.

von – bis TTMMJJ	Art der Tätigkeit oder Stellung	Fachgebiet möglichst genau	Firma Arbeitgeber mit Anschrift	Art bzw. Geschäftszweig der Firma	Grund für Wechsel

2. Wo sind Sie jetzt tätig? _____

_____

3. Derzeitiges Gehalt: _____

4. Ist Ihr letztes Arbeitsverhältnis bereits gekündigt bzw. beendet? _____

5. Zu welchem Termin? _____

6. Durch Sie selbst? _____

7. Durch den Arbeitgeber? _____

8. In beiderseitigem Einvernehmen? _____

9. Aus welchem Grund? _____

G. Gesundheitszustand:

1. Besteht zur Zeit der Bewerbung eine Schwangerschaft?   0 ja   0 nein

2. Sind Sie schwerbehindert oder gleichgestellt?   0 ja   0 nein   _____% Erwerbsminderung

3. Beziehen Sie eine Rente?   0 ja   0 nein   seit: _____

4. Ist ein Rentenantrag gestellt?   0 ja   0 nein   Rentenart: _____

Rentenversicherungsträger: _____

5. Haben Sie eine Kur beantragt? _____   6. Wurde Ihnen eine Kur bewilligt? _____   Ab wann? _____

7. Sind Sie bereit, sich von einem Arzt unserer Wahl untersuchen zu lassen? _____

H. Verschiedenes

1. Sind Sie zum Bundesheer gemustert? _____ Einberufung? _____

2. Sind Familienangehörige in unserem Unternehmen beschäftigt? _____

   Name: _____ Filiale/Abteilung: _____

   Art der Tätigkeit: _____ Art der Verwandtschaft: _____

3. Haben Sie regelmäßig finanzielle Verpflichtungen gegenüber Dritten? _____ Welcher Art? _____

4. Laufen Pfändungen oder haben Sie solche zu erwarten? _____

5. Haben Sie Ansprüche auf Arbeitsentgelt abgetreten? _____

6. Sind Sie einschlägig vorbestraft oder schwebt ein Strafverfahren gegen Sie, das für die von Ihnen angestrebte Tätigkeit von Bedeutung ist?
   (Strafen, die im Strafregister getilgt sind oder der beschränkten Auskunftspflicht unterliegen, brauchen nicht angegeben werden.)

   Leumundszeugnis: _____

7. Sind Sie bereit, im Bedarfsfall Überstunden zu leisten? _____

8. Üben Sie eine entgeltliche od. ehrenamtliche Tätigkeit oder Funktion aus (Firma, Verein Partei usw.)?
   _____

9. Welche Erfahrungen besitzen Sie
   a) im Einzelhandel (allgemein): _____
   _____

   b) in der Do-it-yourself-Branche: _____

   c) in der Führung von Mitarbeitern: _____

10. Nehmen Sie Reisetätigkeit in Kauf? _____

11. Bis zu welchem Umfang? _____

12. Sind Sie bereit, den Wohnort zu wechseln? _____

13. Gehaltsvorstellung brutto: _____

14. Wann könnte Ihr Eintritt frühestens erfolgen? _____

15. Bis wann müssen Sie für diesen Eintrittstermin unsere Entscheidung haben? _____

   Mir ist bekannt, dass wissentlich falsche Angaben zu einer Auflösung des Arbeitsverhältnisses führen können. Ich bestätige hiermit, die vorstehenden Angaben nach bestem Wissen und Gewissen gemacht zu haben.

   _____   _____
   Ort / Datum   Unterschrift

6.4 Das Bewerbungsgespräch

6.4.1 Funktion und Gesprächsführung

Das Vorstellungsgespräch soll die Stärken und Schwächen des Bewerbers zeigen. Während des Gesprächs werden einerseits das Unternehmen, der Tätigkeitsbereich und die Anforderungen dargestellt. Andererseits hat der Bewerber seine Kenntnisse und Erfahrungen, seine berufliche Entwicklung und seine beruflichen Interessen darzulegen.

Funktionen des Interviews:
- ▸▸ Informationen über das Unternehmen/die Abteilung/den Arbeitsplatz geben
- ▸▸ Informationen über den Bewerber sammeln
- ▸▸ Erwartungen, Bereitschaft, Ziele, Motive des Bewerbers eruieren
- ▸▸ Gegenseitiges Kennenlernen
- ▸▸ Anforderung und Eignung vergleichen
- ▸▸ Bedingungen vereinbaren
- ▸▸ Ein Bild vom Arbeitsmarkt erhalten

Wichtig für das Bewerbungsgespräch ist eine gründliche Vorbereitung durch die Führungskraft. Dazu gehört neben der Aufstellung einer Fragenliste die Zusammenfassung der Bewerbungsunterlagen. Wichtige Aussagen können auf einem Formblatt konzentriert gesammelt werden. Darüber hinaus sollten eine Stellen-/Funktionsbeschreibung und ein Anforderungsprofil zur Verfügung stehen. Einerseits liegt es im Interesse des Bewerbers, wenn er das zukünftige Aufgabenbild kennt, andererseits gibt ein Anforderungsprofil Aufschluss über die Eignung des Bewerbers. Falls derartige Instrumente grundsätzlich nicht vorhanden sind, genügt es auch, die wichtigsten Informationen formlos festzuhalten.

Einige Tipps für die Gesprächsführung:
- ▸▸ Stellen Sie eine angenehme Gesprächsatmosphäre her. Vermeiden Sie Störungen – dies gilt auch für Telefonanrufe.
- ▸▸ Stellen Sie so viele Fragen wie möglich. Nur so erhalten Sie die Informationen, die Sie für die Entscheidungsfindung brauchen.
- ▸▸ Wenn ein eher zurückhaltender Bewerber in Redeschwung kommt, lassen Sie ihn erst einmal reden. Stellen Sie dann nur solche Fragen, die den Bewerber veranlassen, deutlicher zu werden und sich exakter auszudrücken.
- ▸▸ Notieren Sie sich sofort nach dem Gespräch Stichworte (nur in Ausnahmefällen während des Gesprächs). Dadurch wissen Sie auch nach mehreren Gesprächen noch, welche Person sich im Gespräch wie dargestellt hat, und haben eine Entscheidungshilfe.
- ▸▸ Bei jeder Antwort des Bewerbers sind psychologische Momente wichtig. Bewerten Sie Nebensächlichkeiten aber nicht zu hoch. Psychologisieren Sie nicht.
- ▸▸ Der Einstellende leitet das Gespräch (mit Fragen). Wenn Sie wenig Übung in der Gesprächsführung haben, sollten Sie eine Gesprächsgliederung vorbereiten.
- ▸▸ Versuchen Sie, den Bewerber schon beim ersten Gespräch mindestens einer weiteren Person in Ihrem Unternehmen vorzustellen. Tauschen Sie nach den Gesprächen mit dem zweiten Gesprächspartner Ihre Eindrücke über den Bewerber aus.

6.4.2 Interviewleitfaden – Kurzform

Beispielfragen für einen Mitarbeiter im Vertrieb:

Interview-Leitfaden
- ▸▸ Bewerbungsunterlagen vollständig? Wenn nein, nachfragen, Begründung einholen
- ▸▸ Warum haben Sie sich bei uns beworben?
- ▸▸ Welche beruflichen Ziele haben Sie in der Vergangenheit angestrebt?
- ▸▸ Sind Ihnen in der letzten Zeit Fehler bei der Arbeit unterlaufen?
- ▸▸ Welche Fachzeitschriften zu Ihrem bisherigen Tätigkeitsbereich lesen Sie regelmäßig?
- ▸▸ Was hat Ihnen bei der bisherigen Berufsausbildung gefallen/nicht gefallen?
- ▸▸ Gehören Sie privaten Vereinen, Organisationen oder dergleichen an?
- ▸▸ Welchen Stellenwert nehmen für Sie Familie, Beruf und Erfolg ein?
- ▸▸ Wie verhalten Sie sich, wenn Sie neue Menschen kennenlernen?
- ▸▸ Was bereitet Ihnen generell Spaß im Beruf?
- ▸▸ Wie gut können Sie sich in Gesprächen durchsetzen?
- ▸▸ Welche besonderen Tätigkeiten müsste Ihrer Meinung nach ein Verkaufsberater beherr- schen?
- ▸▸ Wie groß ist Ihre Verkaufserfahrung?
- ▸▸ Was bedeutet für Sie »Verkaufspsychologie – Verkaufstechnik«?
- ▸▸ Wie gehen Sie bei einer Kundenreklamation vor?
- ▸▸ Weshalb glauben Sie, für uns der richtige Mitarbeiter zu sein?
- ▸▸ Wie gut können Sie das in diesem Gespräch Gesagte schriftlich belegen?
- ▸▸ Was befriedigt Sie im Leben?

Zusatzfragen zum Thema »Führung«
- ▸▸ Was bedeutet für Sie »Führung«?
- ▸▸ Welche Führungserfahrungen haben Sie bisher gemacht?
- ▸▸ Was haben Sie weniger gut bewältigt? – Motto: »Keiner ist vollkommen«
- ▸▸ Welche Bedeutung hat für Sie der Begriff »Ziel- und Ergebnisorientierung«?
- ▸▸ Welche Grenzen müssen Mitarbeitern gesetzt werden?
- ▸▸ Wann befördern Sie einen Mitarbeiter?
- ▸▸ Von welchen Führungssituationen wünschen Sie, dass sie nicht eintreten?
- ▸▸ Welche Erfahrungen haben Sie bisher mit Mitarbeiterbeurteilungsgesprächen gemacht?

Anforderungsprofil

Bewertung der Eigenschaften des Bewerbers aus den Intervieweindrücken (1 = negativ, 7 = positiv):

	1	2	3	4	5	6	7
▸ Auftreten							
▸ Sprachliche Gewandtheit							
▸ Outfit							
▸ Dialogführung							
▸ Fachwissen im Verkauf							
▸ Einstellung zum Beruf							
▸ Zielorientierung							
▸ Initiative							
▸ Belastbarkeit							
Gesamteindruck							

6.4.3 Fragenliste für Bewerbungsgespräche

Berufliches

▸▸ Was haben Sie zuletzt beruflich gemacht?
▸▸ Welche Gründe sprechen für Ihre berufliche Veränderung?
▸▸ Wie sieht Ihr bisheriger beruflicher Werdegang aus?
▸▸ Welche beruflichen Ziele haben Sie in der Vergangenheit angestrebt?
▸▸ Welchen Vorteil erhofften Sie sich vom letzten Stellenwechsel?
▸▸ Wie haben sich Ihre Erwartungen im bisherigen Job erfüllt?
▸▸ Wie häufig haben Sie Ihren Job gewechselt?
▸▸ Was brachten Ihnen insgesamt gesehen diese Stellenwechsel?
▸▸ Sie sagen, dass es Ihnen derzeit beruflich gut geht; warum interessieren Sie sich dann für diese Position?
▸▸ Wie sieht Ihr Arbeitstag aus?
▸▸ Sind Ihnen in der letzten Zeit Fehler bei der Arbeit unterlaufen? Erzählen Sie mir darüber?
▸▸ Wie verteilen sich bei Ihnen persönliche Stärken und Schwächen im Job?
▸▸ Wie selbstständig konnten Sie bisher arbeiten?
▸▸ Sind Ihre Kollegen dem Chef gegenüber positiv eingestellt?
▸▸ Welche Schulungen haben Sie bisher besucht?
▸▸ Was waren die wesentlichsten Inhalte der Seminare?
▸▸ Wenn keine Schulungen – Wären Sie zu Schulungen bereit? Auch außerhalb der Dienstzeit?
▸▸ Welche Fachzeitschriften lesen Sie regelmäßig?
▸▸ Welche Themen interessieren Sie besonders?
▸▸ Welche Kollegen/Kunden/Vorgesetzten sind Ihnen am angenehmsten?

- ▶▶ Wie sehen Ihre beruflichen Ziele für die nächsten drei bis fünf Jahre aus?
- ▶▶ Was waren bisher Ihre beruflich größten Erfolge/Misserfolge?
- ▶▶ Was haben Sie zuletzt verdient?
- ▶▶ Wie zufrieden waren Sie mit der Entlohnung?
- ▶▶ Welche Entlohnung erwarten Sie sich im neuen Job?
- ▶▶ Welche Fragen haben Sie zur vakanten Position?
- ▶▶ Was können Sie sich eigentlich unter dieser neuen Aufgabe vorstellen?
- ▶▶ Wie stellen Sie sich das Weiterkommen im neuen Unternehmen vor?
- ▶▶ Was wissen Sie über unseren Betrieb?
- ▶▶ Wo, glauben Sie, liegen zukünftige Möglichkeiten in unserer Branche?
- ▶▶ Wie müsste der neue Job gestaltet sein, damit Sie bei der Arbeit Spaß haben?

Ausbildung

- ▶▶ Welche Lieblingsfächer hatten Sie in der Schule?
- ▶▶ Welche Ausbildungsstufen haben Sie absolviert?
- ▶▶ Welche zusätzlichen Ausbildungen, Seminare, Kurse haben Sie absolviert?
- ▶▶ Was war der erste Berufswunsch nach der Schule?
- ▶▶ Sind Sie froh, keine Schule mehr besuchen zu müssen?
- ▶▶ Wie haben Sie Ihre Studienzeit gesehen?
- ▶▶ Was hat Ihnen gefallen/nicht gefallen?
- ▶▶ Welche Ausbildungsschwerpunkte streben Sie bei der neuen Tätigkeit an?
- ▶▶ Was möchten Sie beruflich können?

Persönliches und Privates

- ▶▶ Wie sieht Ihr privater Hintergrund aus?
- ▶▶ Welche ehrenamtlichen Tätigkeiten üben Sie aus?
- ▶▶ Gehören Sie privaten Vereinen, Organisationen oder dergleichen an?
- ▶▶ Sie sagen, Sie sind verheiratet, ledig, geschieden?
- ▶▶ Führen Sie eine Lebensgemeinschaft?
- ▶▶ Wie verbringen Sie Ihre Freizeit?
- ▶▶ Welchen Stellenwert nehmen für Sie Familie, Beruf und Freizeit ein?
- ▶▶ Welche menschlichen Fehler sind für Sie unentschuldbar?
- ▶▶ Teilen Sie zu Hause Aufgaben/Rollen mit Ihrem/-r Partner/-in?
- ▶▶ Wie sieht Ihr/-e Partner/-in Ihren Beruf?
- ▶▶ Welche Ideale haben Sie?

Fähigkeiten

Anpassungsfähigkeit
- ▶▶ Wie rasch, glauben Sie, werden Sie sich in unserem Unternehmen einarbeiten können?
- ▶▶ In welchen Situationen fühlen Sie sich unsicher?
- ▶▶ Wie verhalten Sie sich bei der Begegnung mit neuen Mitarbeitern/Kollegen?
- ▶▶ Widersprechen Sie Ihrem Chef, wenn Sie nicht einer Meinung mit ihm sind?

- ▶▶ Was machen Sie, wenn jemand, den Sie nicht kennen, Sie unvermutet anspricht?
- ▶▶ Ich kann mir vorstellen, dass Ihnen meine Fragen unangenehm sind. Gehen Sie Ihnen eigentlich auf die Nerven?
- ▶▶ Was tun Sie, wenn ein Kunde/Kollege partout nicht Ihrer Meinung ist?
- ▶▶ Wie reagieren Sie, wenn jemand Ihre Leistungen kritisiert?

Durchsetzungsfähigkeit
- ▶▶ Fühlen Sie sich Ihren Kollegen über- oder unterlegen?
- ▶▶ Was haben Sie gemacht, um rasch zu Erfolg zu kommen?
- ▶▶ Wie kommt man überhaupt am raschesten zu Erfolg?
- ▶▶ Gelingt es Ihnen, gerechtfertigte Ansprüche bei Ihrem Chef durchzusetzen?
- ▶▶ Hat Sie Ihr Chef schon einmal ungerecht behandelt?
- ▶▶ Wie reagieren Sie darauf?
- ▶▶ Was tun Sie, um mit unangenehmen Leuten/Kunden/Kollegen/Vorgesetzten fertig zu werden?
- ▶▶ Zählen Sie sich zu den diplomatischen Menschen oder halten Sie sich eher für direkt?

Kontaktfähigkeit
- ▶▶ Kommen Sie mit fremden/uninteressanten Menschen leicht ins Gespräch?
- ▶▶ Haben Sie schon einmal eine Ansprache gehalten? Würden Sie sich eine solche zutrauen?
- ▶▶ Wählen Sie Ihren Bekanntenkreis sorgfältig aus oder haben Sie lieber viele zwanglose Kontakte?
- ▶▶ Können Sie sich bei Mitmenschen beliebt machen? Kann auch leicht das Gegenteil passieren?
- ▶▶ Was bedeutet für Sie Kontaktfähigkeit?
- ▶▶ Wie viel Ihrer privaten Zeit verbringen Sie mit gesellschaftlichen Aktivitäten?
- ▶▶ Arbeiten Sie lieber alleine an einer Sache oder bevorzugen Sie die Teilnahme an einer Gruppenarbeit?

Leistungsfähigkeit
- ▶▶ Wie viele Stunden am Tag arbeiten Sie mit höchstem Einsatz?
- ▶▶ Zu welcher Tageszeit bringen Sie Ihre besten Leistungen?
- ▶▶ Gibt es Augenblicke, in denen Sie lieber nichts tun würden?
- ▶▶ Was macht Ihnen die größten Sorgen bei der Arbeit?
- ▶▶ Arbeiten Sie eher gleichmäßig oder unterliegen Ihre Leistungen Schwankungen?
- ▶▶ Gibt es Bedingungen, die Sie überfordern würden?
- ▶▶ Ist Ihr Arbeitstempo eher auf rasche Abwicklung und mengenmäßige Leistung ausgerichtet oder eher auf hochwertige, aber mengenmäßig geringere Leistung?
- ▶▶ Machen Sie Überstunden? Wie viele im Durchschnitt?

Organisationsfähigkeit
- ▶▶ Was bedeutet für Sie Arbeitstechnik/Zeitmanagement?
- ▶▶ Was verstehen Sie unter Delegation/Aufgabenübernahme?
- ▶▶ Nach welchen Aspekten ordnen Sie Ihre Arbeit?
- ▶▶ Merken Sie sich immer, wohin Sie etwas gelegt haben?
- ▶▶ Wie kann man Ihrer Meinung nach einen Arbeitsplatz rationalisieren?
- ▶▶ Wie kann man sich eine gute Organisation aneignen?

- ▸▸ Warum, glauben Sie, sind so viele Unternehmen schlecht organisiert?
- ▸▸ Arbeiten Sie systematisch oder vertrauen Sie Ihrer Improvisationskunst?

Teamarbeit
- ▸▸ Welche Bedeutung hat für Sie Teamarbeit?
- ▸▸ Sollte nicht jeder danach trachten, bei seiner Arbeit alleine zurechtzukommen?
- ▸▸ Worauf führen Sie die Beliebtheit mancher Kollegen zurück?
- ▸▸ Welche Voraussetzungen sind für eine gute Teamarbeit notwendig?
- ▸▸ Welcher Typ ist Ihnen besonders sympathisch?
- ▸▸ Welcher Typ geht Ihnen besonders auf die Nerven?
- ▸▸ Treffen Sie sich auch privat mit Ihren Kollegen?
- ▸▸ Sind Sie schon einmal für einen benachteiligten Kollegen eingetreten?

Einsatzbereitschaft
- ▸▸ Was bedeutet für Sie Einsatzbereitschaft?
- ▸▸ Gibt es in Ihrem Unternehmen Streber? Was halten Sie von diesen?
- ▸▸ Beschäftigen Sie sich auch in der Freizeit mit beruflichen Problemen?
- ▸▸ Wo liegen Ihre Grenzen für persönlichen Arbeitseinsatz?
- ▸▸ Für wie sinnvoll halten Sie unseren heutigen Arbeitsdruck bzw. unser Arbeitstempo?
- ▸▸ Steht Ihr Einkommen/Gehalt im richtigen Verhältnis zu Ihrem Arbeitseinsatz?
- ▸▸ Sind Sie fleißiger als Ihre Kollegen?
- ▸▸ Wie stehen Sie zur Teilnahme an Weiterbildungskursen am Wochenende, um keine Arbeitszeit zu verlieren?
- ▸▸ Unter welchen Umständen halten Sie die Beschäftigung mit beruflichen Problemen außerhalb der normalen Arbeitszeit für gerechtfertigt?

Initiative
- ▸▸ Was heißt für Sie »initiativ sein«?
- ▸▸ Würden Sie sich selbstständig machen?
- ▸▸ Konnten Sie neue, bessere Methoden in Ihrem Unternehmen verwirklichen?
- ▸▸ Wie sind Sie mit Widerständen zurechtgekommen?
- ▸▸ Welche Pläne/Ideen haben Sie schon verwirklichen können?
- ▸▸ Was tun Sie, um im Unternehmen positiv aufzufallen?
- ▸▸ Inwieweit haben Sie Ihre berufliche Entwicklung vorausgeplant?
- ▸▸ Gelingt es Ihnen, nach eigenen Vorstellungen zu handeln?
- ▸▸ Wie hartnäckig vertreten Sie einen Standpunkt, von dem Sie überzeugt sind?

Loyalität
- ▸▸ Was bedeutet für Sie generell »Loyalität«?
- ▸▸ Unter welchen Umständen suchen Sie sich einen neuen Job?
- ▸▸ Worin identifizieren Sie sich mit Ihrem Unternehmen?
- ▸▸ Fühlen Sie sich mehr an Ihre Kollegen oder an das Unternehmen gebunden?
- ▸▸ Fühlen Sie sich Kollegen gegenüber moralisch verpflichtet?
- ▸▸ Wenn Ihre Firma in eine Krise gerät, wie sehr sollte sie dann auf ihre Mitarbeiter Rücksicht nehmen?
- ▸▸ Wodurch zeichnet sich ein zuverlässiger Mitarbeiter aus?
- ▸▸ Welchen Stellenwert hat für Sie Firmentreue?

Verantwortungsbereitschaft

- ▸▸ Was bedeutet es für Sie, Verantwortung zu übernehmen?
- ▸▸ Von welchen Überlegungen lassen Sie sich leiten, wenn Sie eine schwierige/riskante Aufgabe übernehmen?
- ▸▸ Wie verantworten Sie Risiken?
- ▸▸ Übernehmen Sie gerne ein Risiko?
- ▸▸ Trauen Sie sich zu, Mitarbeiter zu führen?
- ▸▸ Welche Verantwortung tragen Sie dabei?
- ▸▸ Wie verhalten Sie sich, wenn Sie einen folgenschweren Fehler gemacht haben?
- ▸▸ Welchem Mitmenschen/Kollegen würden Sie Verantwortung übertragen?

Stressfragen

- ▸▸ Was bedeutet für Sie Stress?
- ▸▸ Weshalb glauben Sie, für uns der richtige Mitarbeiter zu sein?
- ▸▸ Haben Sie sich diesen Schritt gut überlegt?
- ▸▸ Würden Sie sich als Job-Hopper bezeichnen?
- ▸▸ Können Sie das Gesagte auch belegen?
- ▸▸ Können Sie mich davon überzeugen, für diese Tätigkeit geeignet zu sein?
- ▸▸ Was haben Sie aus Ihren Fehlern gelernt?
- ▸▸ Was befriedigt Sie im Leben?
- ▸▸ Halten Sie es für ratsam, eine sichere Stellung aufzugeben?
- ▸▸ Stufen Sie sich als schwierigen oder einfachen Mitarbeiter ein?
- ▸▸ Welche Leitbilder haben Sie?
- ▸▸ Sie haben oft Ihre Stellung gewechselt. Welche Garantie geben Sie uns, in unserer Firma länger zu bleiben?
- ▸▸ Sind Sie von sich eingenommen?
- ▸▸ Bezeichnen Sie sich eher als nüchtern oder als fantasiebegabt?
- ▸▸ Wovor haben Sie im Leben Angst?
- ▸▸ Wir haben viele Bewerber; aus welchen Gründen sollte sich unsere Firma für Sie entscheiden?
- ▸▸ Bisher haben Sie mich überhaupt nicht überzeugen können; glauben Sie, es noch zu können?

Verkaufsmitarbeiter

- ▸▸ Was verstehen Sie unter Verkaufspsychologie/-technik?
- ▸▸ Wie haben Sie bisher verkauft?
- ▸▸ Wie behandeln Sie einen Kunden, wenn er reklamiert?
- ▸▸ Was beinhaltet eine Produktnutzenargumentation?
- ▸▸ Wie führen Sie ein Preisverhandlungsgespräch?
- ▸▸ Wie sprechen Sie einen Kunden an – was berücksichtigen Sie alles dabei?
- ▸▸ Welchem Anforderungsprofil entspricht Ihrer Meinung nach ein erfolgreicher Verkäufer?
- ▸▸ Wie verkraften Sie Enttäuschungen, wenn ein Kunde nicht kauft?
- ▸▸ Wie gehen Sie bei der Neukundengewinnung vor?
- ▸▸ Welche Maßnahmen setzen Sie, um ein unbekanntes Produkt zu verkaufen?
- ▸▸ Wie groß war Ihr letzter Kundenkreis?
- ▸▸ Wie hat dieser Kundenkreis ausgesehen?

- ▶▶ Kaufen Sie die Produkte, die Sie verkaufen, auch selber?
- ▶▶ Sind Sie auch bereit, in Ihrem Bekanntenkreis unsere Produkte zu verkaufen?
- ▶▶ Wie sieht Ihre Verkaufsausbildung aus?
- ▶▶ Auf welchen Gebieten möchten Sie sich weiterbilden?
- ▶▶ Wie planen Sie Ihre Verkaufstätigkeit?

Führungswissen
- ▶▶ Wie denken Sie über die verschiedenen Führungsstile?
- ▶▶ Wie sieht für Sie eine erfolgreiche Führungskraft aus?
- ▶▶ Was gehört alles zum Führen?
- ▶▶ Wenn Sie »Coaching« hören, was fällt Ihnen dazu spontan ein?
- ▶▶ Welche Führungsmethoden sind Ihnen bekannt?
- ▶▶ Wie führen Sie ein Mitarbeitergespräch?
- ▶▶ Welche Themen beinhaltet ein Mitarbeiterbeurteilungsgespräch?
- ▶▶ Wie delegieren Sie eine Aufgabe?
- ▶▶ Wie können Sie Ihre Mitarbeiter motivieren?
- ▶▶ Welche Erfahrungen haben Sie diesbezüglich gesammelt?
- ▶▶ Was bedeuten für ein Unternehmen »Führungsgrundsätze«?
- ▶▶ Wie sehen Sie die Vorgesetztenbeurteilung?
- ▶▶ Was machen Sie mit Alkoholikern in Ihrem Team?
- ▶▶ Wie sieht bei Ihnen das Entwicklungsgespräch mit einem Mitarbeiter aus?

6.5 Assessment-Center zur Personalauswahl

6.5.1 Potenzial-Analyse mit Assessment-Center

Der besondere Vorteil des Assessment-Centers liegt in seiner methodischen Vielfalt. Die AC-Technik hat sich durchgesetzt, weil es kein anderes Verfahren gibt, das in Verbindung mit Interviews und biografischen Daten ähnlich treffsichere Prognosen möglich macht. Das Assessment-Center hat laut wissenschaftlichen Untersuchungen die höchste Aussagenvalidität und gilt als das prognosegenaueste Instrument der Personalarbeit.

Die Personalauswahl mittels Assessment-Center beruht auf folgendem Vorgehen:
- ▶▶ Vorauswahl der Teilnehmer nach den üblichen Kriterien (Bewerbungsunterlagen, Interview usw.)
- ▶▶ Situationstests mit klaren Erfolgskriterien und einem standardisierten Verhaltensmaßstab, den Beobachter anwenden können
- ▶▶ Zur Objektivierung des Gesehenen sind mehrere Beobachter anwesend

Das typische Assessment-Center zur Personalauswahl beinhaltet drei wesentliche Komponenten: die Anforderungsbezogenheit, die Verhaltensorientierung und die Mehrfachbeobachtung.

Anforderungsbezogenheit

Eignung lässt sich nur durch das »geeignet wofür« ausdrücken. Je genauer dies beschrieben ist, desto genauer sind die möglichen Eignungsaussagen. Der Beobachtung im Gruppengespräch liegen Anforderungsdimensionen zugrunde, die im Rahmen eines spezifischen Beobachtertrainings systematisch erläutert werden.

Verhaltensorientierung

Der direkteste Weg, um das Entwicklungspotenzial festzustellen, ist die Beobachtung des Verhaltens. Deshalb werden Übungen eingesetzt, bei denen Verhalten gut beobachtet werden kann. In den Übungen werden wesentliche Elemente aus der Praxis simuliert. Beobachtet wird ausschließlich das Verhalten der Teilnehmer in Gruppenarbeiten, Gesprächen, Einzelarbeiten und Präsentationen.

Mehrfachbeobachtung

Bei der Beobachtung von Menschen durch Menschen können Fehler auftreten, die teilweise in der Qualität des Verfahrens begründet, teilweise bei den Beobachtern selbst zu suchen sind. Solche Fehlerquellen sind z. B. die Beeinflussung der Beobachtung durch Sympathie und Antipathie, die Tendenz, zu milde oder zu streng zu urteilen, Uneinigkeit über die Bedeutung der zu beurteilenden Fähigkeiten usw.

Individuelle Beobachtungen und Beurteilungen sind immer subjektiv. Beobachten mehrere Personen parallel, kommt ein objektiveres Bild zustande. Alle Beobachter haben die gleiche Informationsbasis, da jeder von ihnen jeden Teilnehmer in mehreren Übungen beobachten kann. Die individuellen Beobachtungen werden systematisch zusammengetragen, erörtert, ausgewertet und für die Entscheidungsfindung aufbereitet.

Grundprinzip ist, dass Beobachtung und Beurteilung getrennt voneinander vorgenommen werden. Beobachtet wird ausschließlich auf der Verhaltensebene, d. h., entscheidend ist nur das, was gesehen wurde. Die Beobachtung umfasst das gesamte verbale und nonverbale Verhalten der Bewerber. Damit die Qualität der Beobachtung nicht durch voreilige Bewertungen beeinträchtigt wird, ist es erforderlich, dass alle Beobachter eingehend geschult und auf ihre Beobachterrolle vorbereitet werden.

Im Beobachter-Training lernen die Beobachter, die aus dem Management des Unternehmens kommen, die Systematik und Logistik des Assessment-Centers kennen und anwenden. Nach dem Training sprechen die Beobachter dieselbe Sprache, d. h. sie:

▸▸ kennen das Anforderungsprofil,
▸▸ kennen das Beobachtungsverfahren,
▸▸ konzentrieren sich auf beobachtbare Fakten,
▸▸ kennen das Bewertungssystem.

Der zeitliche Ablauf eines Assessment-Centers, das im Rahmen der Personalauswahl in der Regel einen Tag dauert, sieht folgendermaßen aus:

- ▸▸ Teilnehmerinformation und Einladung
- ▸▸ Auswahl der Beobachter
- ▸▸ Beobachtereinweisung
- ▸▸ Logistische Vorbereitung
- ▸▸ Durchführung des Assessment-Centers
  - – Einstimmung der Beobachter
  - – Anwärmphase für die Teilnehmer
  - – Übungen für die Teilnehmer
  - – Abschluss für die Teilnehmer
- ▸▸ Beobachterkonferenz
  - – Entscheidung für einen/mehrere Bewerber
- ▸▸ Weitergabe der AC-Ergebnisse an alle Teilnehmer

Im Assessment-Center hat jeder Bewerber die gleiche Chance zu zeigen, inwieweit er die definierten Anforderungen erfüllen kann. Alle Bewerber absolvieren dieselben Übungen. Die Erfahrung zeigt auch, dass das Assessment-Center von den Teilnehmern als fair und positiv empfunden wird. Den Bewerbern wird bei einem gut durchgeführten Assessment-Center ein positives Bild des Unternehmens vermittelt.

6.5.2 Grundsätze der Personalauswahl mittels Assessment-Center

- ▸▸ Die optimale Anzahl der Assessment-Center-Teilnehmer ist acht bis maximal 12. Wird diese Zahl überschritten, muss die Teilnehmergruppe gesplittet werden, was zu einem organisatorischen Mehraufwand führt.
- ▸▸ Das Assessment-Center-Team besteht aus:
  - – einem AC-Leiter, der als erfahrener Moderator die Veranstaltung lenkt und die Beobachterkonferenz leitet. Er ist für den Erfolg des Assessment-Centers verantwortlich.
  - – einem AC-Betreuer, der den Moderator administrativ unterstützt und die Beobachter betreut.
  - – zwei bis vier Beobachtern, die auf ihre spezielle Beobachterrolle vorbereitet wurden und bereit sind, Verantwortung zu tragen.
- ▸▸ Es gilt die Faustregel: Ein Beobachter für zwei Teilnehmer; der Moderator kann auch als Beobachter fungieren.
- ▸▸ Die einzelnen Übungen beinhalten Themen aus der jeweiligen Praxis der Teilnehmer und aus dem zukünftigen Aufgabenfeld. Beobachtet wird das Verhalten der Teilnehmer in den einzelnen Übungen: Einzelarbeiten, Präsentationen, Gruppendiskussionen, Gespräche und Selbsteinschätzungs-Übungen.
- ▸▸ Alle Anforderungs- und Beobachtungskriterien sind operational in Form von Verhaltensleistungen formuliert. Die Beobachter werden über unterschiedliche Beobachtungsbögen zu qualifizierten Bewertungen geführt.

→ Das Bewertungssystem kann z. B. vierstufig sein. Dabei wird positives Verhalten im Sinne von »Anforderungskriterien sind erfüllt« belohnt. Die Konzentration auf positive Verhaltensleistungen erhöht die aussagekräftige Unterscheidung von guten Bewerbern und dient dem Zweck der Bestenauslese.

→ Die Endbeurteilung findet in der Beobachterkonferenz statt. Ziel ist eine möglichst einstimmige Empfehlung für einen Bewerber. Die Diskussion wird vom AC-Leiter moderiert.

6.5.3 Beispiel Assessment-Center zur Auswahl eines neuen Filialleiters

Im Zuge der Eröffnung von neuen Filialen entscheidet sich ein Unternehmen, zur Auswahl der neuen Filialleiter ein Auswahl-Assessment durchzuführen. Dieses »Assessment für Filialleiter« wird intern und extern ausgeschrieben. Aus den eingelangten Bewerbungen werden zehn Kandidaten für das AC ermittelt, außerdem haben sich zwei Personen aus dem Unternehmen gemeldet, die selbstverständlich zum AC eingeladen werden.

6.5.3.1 Die Organisation

→ Das Assessment-Center wird im Schulungsraum des Unternehmens durchgeführt. Dazu wird ein runder Tisch für 12 Personen und in den Ecken jeweils ein Tisch für die Beobachter vorbereitet.

→ Als Beobachter werden der Geschäftsführer, der Vertriebsleiter, der Personalentwickler und ein externer Moderator eingesetzt.

→ Die einzusetzenden Übungen werden vom Personalentwickler und Moderator erarbeitet, ebenso die Bewertungsformulare.

→ Sollten die Beobachter noch nie an einem Assessment-Center teilgenommen haben, erhalten sie vor dem Assessment noch eine Einschulung in ihre Rollen und Aufgaben durch den Moderator.

→ Das Assessment-Center beginnt um 9 Uhr und endet um 18 Uhr.

→ Um das Programm zeitlich unterzubringen, wird zum Teil auch parallel gearbeitet, d. h. während die einen Teilnehmer vorbereiten, können die anderen präsentieren oder werden für strukturierte Interviews aus dem AC geholt. Der zeitliche Druck ist gewünscht, da auch die Belastungsfähigkeit der Teilnehmer überprüft werden soll.

6.5.3.2 Übungen

Persönliche Vorstellung

Die Teilnehmer bereiten eine Präsentation zu ihrer Person vor.

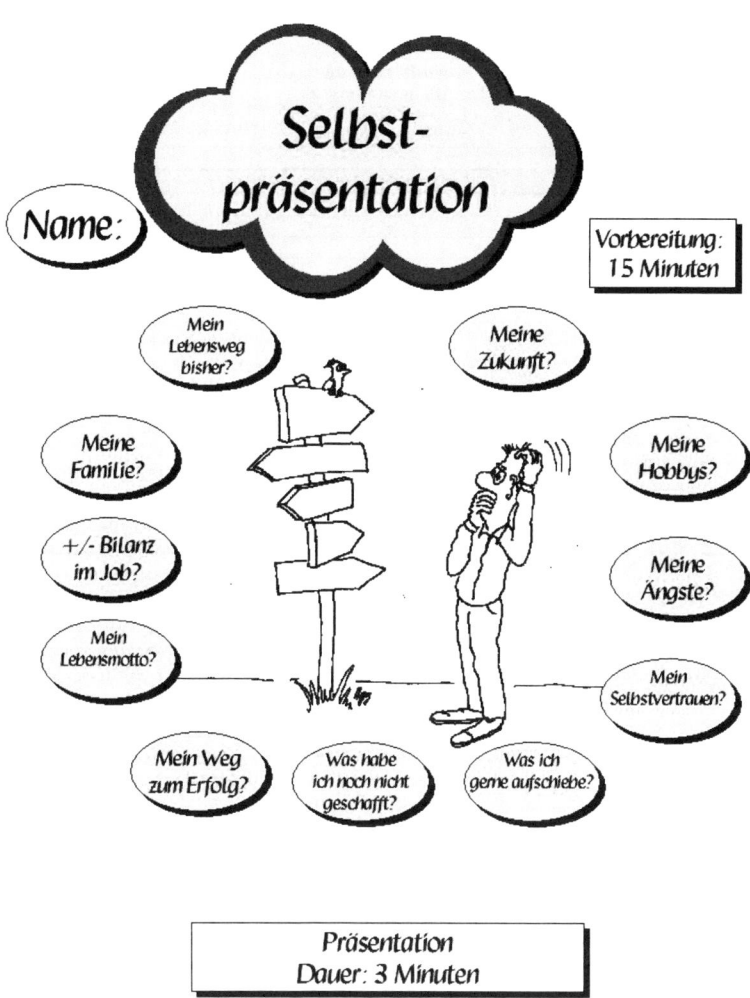

Alle Beobachter bewerten die Übung mit folgenden Kriterien:

PERSÖNLICHE VORSTELLUNG

Mein erster Eindruck von: _____

Wirkt überzeugend ...

1 = trifft kaum zu
2 = trifft ansatzweise zu
3 = trifft zu
4 = trifft überragend zu

Kriterien	Bewertung
Persönliche Ausstrahlung	
Authentisches Verhalten	
Überzeugende Persönlichkeit	
Auftreten	
Sicherheit durch Selbstvertrauen	
Eingehen auf Fragen	
Ausdrucksweise	
Erster Gesamteindruck – Durchschnitt	

Was mir sonst noch aufgefallen ist:

FÜHRUNGSKRAFT UND TEAM

Teamarbeit

Thema: »Handel in fünf Jahren«

» Wie werden sich die Kundenbedürfnisse entwickeln?

» Welche Potenziale sollte der Handel in Zukunft verstärkt nützen?

» In welchem Verhältnis werden sich Eigenmarken und Fremdmarken entwickeln?

» Welche spezifischen Anforderungen kommen auf die Filialleiter zu?

Die Teilnehmer haben 45 Minuten Zeit, gemeinsam im gesamten Team vor den Beobachtern ein Konzept zu erarbeiten und anschließend zu präsentieren. Bei dieser Übung ist auch interessant, wen das Team zur Präsentation auswählt.

TEAMARBEIT

Teilnehmer: **Beobachter:**

Thema:

Wirkt überzeugend ...

1 = trifft kaum zu
2 = trifft ansatzweise zu
3 = trifft zu
4 = trifft überragend zu

Kriterien	Bewertung
Moderation der Teamarbeit	
Weiterbewegen des Teams	
Ideen zum Thema	
Struktur des Konzeptes	
Aktivierung der ruhigeren Teammitglieder	
Durchsetzung eigener Gedanken	
Zusammenfassung von Teilergebnissen	
Akzeptanz innerhalb des Teams	
Ergebnisorientierung	
Eingehen auf andere Teammitglieder	
Aktiv Führungsanspruch erheben	
Gesamteindruck - Durchschnitt	

Was war besonders gut?

Was gehört verbessert?

Präsentation

Die Teilnehmer bereiten einzeln in 30 Minuten eine Präsentation vor, deren Dauer sechs Minuten beträgt und deren wesentliche Aussagen auf Flipchart festzuhalten sind.

Themen:

- ▸▸ Umbau einer Filiale (Entwickeln Sie ein Konzept zum Umbau einer Filiale)
- ▸▸ Saisonstart (Erarbeiten Sie eine Checkliste zum Start der Gartensaison)
- ▸▸ Führung der Filiale (Wie sieht das Anforderungsprofil für einen erfolgreichen Filialleiter aus?)
- ▸▸ Schlechtes Betriebsklima in der Filiale (Was unternehmen Sie?)
- ▸▸ Zusammenarbeit mit dem Vertriebsleiter (Wie soll eine erfolgreiche Zusammenarbeit zwischen Filialleitung und Vertriebsleitung aussehen?)
- ▸▸ Änderung der Arbeitszeit in der Filiale (Erklären Sie Ihrem Team die Notwendigkeit neuer Arbeitszeiten wegen längerer Öffnungszeiten)
- ▸▸ Inventur (Erstellen Sie eine Checkliste zum Ablauf der Inventur)
- ▸▸ Die ersten 30 Tage als Filialleiter (Erstellen Sie einen Einarbeitungsplan. Was ist dabei alles zu beachten?)

PRÄSENTATION

Teilnehmer: **Beobachter:**

Thema:

Wirkt überzeugend ...

1 = trifft kaum zu
2 = trifft ansatzweise zu
3 = trifft zu
4 = trifft überragend zu

Kriterien	Bewertung
Auftreten	
Ausdrucksfähigkeit	
Überzeugende Wirkung	
Fachwissen	
Roter Faden ist erkennbar	
Praktische Beispiele	
Bringt das Thema auf den Punkt	
Einbeziehung der Zuhörer	
Eingehen auf Zwischenfragen	
Lässt sich nicht aus dem Konzept bringen	
Führt gekonnt durch die anschließende Diskussion	
Gesamteindruck – Durchschnitt	

Was war besonders gut?

Was gehört verbessert?

Führungssituationen

Jeder Teilnehmer bereitet ein Mitarbeitergespräch zu folgenden Themen vor:

- ▸▸ Mitarbeiter kommt oft zu spät zur Arbeit
- ▸▸ Häufige Krankenstände eines Mitarbeiters
- ▸▸ Mitarbeiter macht seit zwei Wochen ständig Fehler
- ▸▸ Mitarbeiter nimmt nie an Schulungen teil
- ▸▸ Streit zwischen zwei Mitarbeitern
- ▸▸ Mitarbeiter macht nur mehr Dienst nach Vorschrift
- ▸▸ Mitarbeiter erreicht Ziele nicht
- ▸▸ Mitarbeiter soll eine neue Aufgabe übernehmen

Vorbereitungszeit: zehn Minuten. Das Gespräch wird als Rollenspiel geführt, wobei die Beobachter als Mitarbeiter fungieren.

FÜHRUNGSSITUATION

Teilnehmer: **Beobachter:**

Situation:

Wirkt überzeugend ...

1 = trifft kaum zu
2 = trifft ansatzweise zu
3 = trifft zu
4 = trifft überragend zu

Kriterien	Bewertung
Gesprächsführung	
Einfühlungsvermögen	
Struktur vorhanden	
Behält Gesprächsführung bei sich	
Bringt das Problem auf den Punkt	
Integriert den Mitarbeiter bei der Entwicklung von Lösungen	
Kompetente Analyse der Hintergründe	
Klärung der zukünftigen Zusammenarbeit	
Geht mit Ein- und Vorwänden gekonnt um	
Gesamtergebnis des Gesprächs	
Gesamteindruck – Durchschnitt	

Was war besonders gut?

Was gehört verbessert?

Strukturiertes Interview

Jeder Teilnehmer wird im Lauf des Tages zu einem Strukturierten Interview mit den Beobachtern eingeladen. Die Basis bildet die Selbstpräsentation. Folgender Fragenkatalog wird für das 15 bis 20 Minuten dauernde Gespräch herangezogen:

Biografie
- ▸▸ Wer sind Sie?
- ▸▸ Was war wichtig in Ihrem Leben?
- ▸▸ Was können Sie?
- ▸▸ Was wollen Sie?
- ▸▸ Wie haben Sie Ihre Berufsentscheidung getroffen?
- ▸▸ Was waren für Sie Highlights in Ihrem Leben?
- ▸▸ Welche unangenehmen Erfahrungen haben Sie in Ihrem Leben gemacht?
- ▸▸ Welche Rolle spielt die Familie in Ihrem Leben und wie sieht eine Balance zum Berufsleben aus?
- ▸▸ Welche außerberuflichen Interessen und Initiativen verfolgen Sie?

Karriereplanung
- ▸▸ Was haben Sie bisher erreicht?
- ▸▸ Wie zufrieden sind Sie bisher mit den erreichten Zielen?
- ▸▸ Welche beruflichen Ziele haben Sie sich für die nächsten fünf bis zehn Jahre vorgenommen?
- ▸▸ Was sind relevante Faktoren für Ihre berufliche Planung?
- ▸▸ Was ist, wenn Sie die Position nicht bekommen bzw. nicht weiter gefördert werden?
- ▸▸ Was bedeutet für Sie Erfolg haben?
- ▸▸ Wie viel Freizeit investieren Sie in Ihre Karriereplanung?
- ▸▸ Wie beschreiben Sie Ihre Marke »Ich«?
- ▸▸ Was haben Sie bisher persönlich zu Ihrer Entwicklung beigetragen?
- ▸▸ Wie lernen Sie?
- ▸▸ Was möchten Sie noch lernen?

Verkaufs- und Führungsverhalten
- ▸▸ Welche Erfahrungen haben Sie bisher im Umgang mit Kunden gemacht?
- ▸▸ Was macht Ihnen dabei Spaß bzw. Kopfzerbrechen?
- ▸▸ Was heißt beraten und verkaufen für Sie?
- ▸▸ Wie gehen Sie auf Kunden zu?
- ▸▸ Wie können Sie Kunden überzeugen?
- ▸▸ Wie führen Sie eine Verhandlung z. B. um den Preis oder Qualität?
- ▸▸ Was haben Ihnen die bisherigen Verkaufstrainings konkret gebracht?
- ▸▸ Wie planen Sie Ihre Verkaufsarbeit?
- ▸▸ Wie gut gehen Sie mit EDV um?
- ▸▸ Was ist im Umgang mit Mitarbeitern wichtig?
- ▸▸ Was heißt für Sie »Führung«?
- ▸▸ Wer ist ein Vorbild für Sie?

STRUKTURIERTES INTERVIEW

Teilnehmer:	Beobachter:

Wirkt überzeugend ...

1 = trifft kaum zu
2 = trifft ansatzweise zu
3 = trifft zu
4 = trifft überragend zu

Kriterien	Bewertung
Geistige Beweglichkeit	
Belastbarkeit	
Konfliktfähigkeit	
Feedback nehmen	
Auftreten ist ruhig und überlegt	
Setzt sich durch	
Entscheidungsbeständigkeit	
Gesprächsführung	
Verhandlungssicherheit	
Gesamteindruck – Durchschnitt	

Was ist mir besonders aufgefallen?

Planungsaufgabe

Die Teilnehmer erhalten einen Quartalsbericht einer Filiale, in der es zu einem extremen Umsatzrückgang bei einzelnen Sortimentsgruppen gekommen ist. Diese realen Daten müssen den Vorjahresdaten gegenübergestellt werden. Die Teilnehmer haben als Einzelarbeit in 30 Minuten die Daten zu analysieren und ein Konzept zur Belebung des Umsatzes und zur Hebung der Kundenfrequenz zu erarbeiten. Anschließend müssen sie in 30 Minuten vor den Beobachtern ihre Konzepte aufeinander abstimmen und ein gemeinsames Ergebnis erzielen. Bewertet werden sowohl das Einzelkonzept als auch die Teamdiskussion.

PLANUNGSAUFGABE

Teilnehmer: **Beobachter:**

Wirkt überzeugend ...

1 = trifft kaum zu
2 = trifft ansatzweise zu
3 = trifft zu
4 = trifft überragend zu

Kriterien	Bewertung
Zahlenverständnis	
Einleben in die neue Materie	
Konzeptionelle Fähigkeiten	
Roter Faden erkennbar	
Bezieht andere Unternehmensbereiche mit ein	
Vernetztes Denken erkennbar	
Praxisorientierung vorhanden	
Umsetzbarkeit	
Gesamteindruck – Durchschnitt	

Was war besonders gut?

Was gehört verbessert?

Feedback-Runde am Ende des Assessment-Centers

Jeder Teilnehmer hat als Abschluss einem anderen Teilnehmer Feedback über die Beobachtungen während des Tages zu geben:

➥ Was war besonders gut?
➥ Wo waren Schwächen erkennbar?
➥ In welchen Bereichen soll er sich weiterentwickeln?

FEEDBACK

Teilnehmer: **Beobachter:**

Wirkt überzeugend ...

1 = trifft kaum zu
2 = trifft ansatzweise zu
3 = trifft zu
4 = trifft überragend zu

Kriterien	Bewertung
Feedback geben	
Feedback annehmen	
Erhaltenes Feedback hinterfragen	
Aussagen auf den Punkt bringen	
Offenheit	
Klarheit	
Verbesserungsvorschläge einbringen	
Gesagtes stehen lassen, keine Rechtfertigung	
Gesamteindruck – Durchschnitt	

Was war besonders gut?

Was gehört verbessert?

6.5.3.3 Beobachterkonferenz und Entscheidungsfindung

In der Beobachterkonferenz werden alle Eindrücke pro Teilnehmer und die Ergebnisse der Übungen zusammengefasst und ein Ergebnisblatt erstellt. Nun fällt die Entscheidung, welche Kandidaten in das Unternehmen aufgenommen bzw. befördert werden.

AC – ERGEBNISBLATT
MUSTER ANDREAS

Übungen	Bewertung
Persönliche Vorstellung	3,0
Teamarbeit	2,1
Präsentation	2,4
Führungsgespräch	1,7
Planungsaufgabe	2,3
Strukturiertes Interview	1,6
Feedback	2,6

Bewertung: 1=niedrigster Wert, 4=höchster Wert

Maßnahmen zur Potenzialentwicklung:
- Strukturiertes Arbeiten verbessern
- Mehr Offenheit und authentisches Verhalten
- Konfliktfähigkeit ausbauen
- Sich im Team mehr durchsetzen
- Eigene Ideen wirkungsvoller vertreten
- Mehr Emotionen zulassen, wirkt blockiert
- Einfühlungsvermögen steigern
- Aussagen anderer auch in Frage stellen
- Signale im Gespräch aufnehmen lernen
- Laufbahnvorstellungen klären

6.5.3.4 Mitteilung der Ergebnisse an die Kandidaten

Den AC-Teilnehmern wird noch am gleichen Tag das Ergebnis persönlich von den Beobachtern mitgeteilt (zwei Stunden nach AC-Ende). Die Kandidaten, die in das Unternehmen aufgenommen werden, werden zu einem Einstiegsgespräch eingeladen. Als Dankeschön für die Teilnahme erhalten alle Kandidaten ein Buch.

6.6 Strukturiertes Interview zur Potenzial-Analyse

Das Strukturierte Interview kann ebenso wie das Assessment-Center einerseits zur Auswahl von externen Bewerbern eingesetzt werden, andererseits kann damit gezielt eine Potenzial-Analyse von z. B. Nachwuchsführungskräften im Unternehmen durchgeführt werden.

Ziel der Potenzial-Analyse ist es, in begrenzter Zeit ein möglichst gesichertes Bild des Bewerbers/ Mitarbeiters zu erhalten in Bezug auf seine:
- ▸▸ Fähigkeiten
- ▸▸ Verhaltensstruktur
- ▸▸ Persönlichkeit
- ▸▸ Potenziale und Blockaden

Dieses Bild dient als Basis zur Entscheidung über seine Aufnahme in das Unternehmen oder seine weitere berufliche Entwicklung im Unternehmen.

Die Qualität der Ergebnisse und Aussagen einer Potenzial-Analyse ist abhängig von:
- ▸▸ der Anwendung eines aussagekräftigen Potenzialdiagnose-Instruments
- ▸▸ der Durchführung durch ausgebildete und erfahrene Beobachter
- ▸▸ der Definition geeigneter Beobachtungsmerkmale
- ▸▸ der Erarbeitung einheitlicher Bewertungskriterien
- ▸▸ Mehrfachbeobachtung und -bewertung führen zu abgesicherten Aussagen
- ▸▸ Unterschiedliche Beobachtungssituationen erfassen die Qualifikation umfassend
- ▸▸ dem Feedback der Beobachter an die beurteilten Mitarbeiter

6.6.1 Grundsätze des Strukturierten Interviews

Das Interview:
- ▸▸ ist kein Gespräch, sondern ein Mittel zur Diagnose, d. h. zum einseitigen Kennenlernen eines Menschen und da vor allem zur Erforschung seines Potenzials
- ▸▸ erfolgt strukturiert, d. h. es wird auf der Basis vorher festgelegter Beobachtungskriterien geführt und ausgewertet
- ▸▸ erfolgt nicht direktiv, d. h. es wird nicht nach dem Schema von Frage und Antwort geführt
- ▸▸ die Initiative liegt prinzipiell beim Interviewten
- ▸▸ die Beteiligung der Interviewer ist ausschließlich darauf ausgerichtet, den Interviewten »aufzuschließen« (durch aktives Zuhören) und wichtige Punkte zu hinterfragen, gegebenenfalls auch ergänzende Fragen zu stellen
- ▸▸ kontraproduktiv wären die Selbstdarstellung von Interviewern oder fachliche Diskussionen ohne persönlichen Erkenntniswert

Die Fähigkeiten, Verhaltensstrukturen, Potenziale und Blockaden des Interviewten werden beobachtet anhand von:
- ▸▸ Konkreten Lebenssituationen
- ▸▸ Einstellungen zu wichtigen Themen
- ▸▸ Erfahrungswerten
- ▸▸ Fallbeispielen
- ▸▸ Verhalten im Interview

Beispiel-Ablaufplan Strukturiertes Interview:

Anlass	▶ Änderung der Außendienst-Organisation ▶ Verkaufsleiter soll durch einen Gruppenleiter entlastet werden ▶ Gruppenleiterstelle war bisher nicht vorhanden
Entscheidung	▶ Besetzung der neuen Stelle aus den eigenen Reihen ▶ Das Potenzial der Außendienstmitarbeiter wird überprüft ▶ Strukturiertes Interview als Auswahlinstrument
Information der Teilnehmer über Vorhaben	▶ Alle Außendienstmitarbeiter werden eingeladen, an diesen Strukturierten Interviews teilzunehmen ▶ Ziele sind: – Betreuung Verkaufsgebiet Nord mit wichtigen A-Kunden, in dem vier weitere Außendienstmitarbeiter tätig sind – Übernahme in sechs Monaten – ADM als zukünftiger Gruppenleiter bekommt Förderung hinsichtlich: Steuerung Vertrieb, Führung und Motivation der Außendienstmitarbeiter, strukturiertes Arbeiten
Information über Strukturiertes Interview	▶ Zweistündiges Gespräch über: Erfolge, Entwicklung, Interessen, Fähigkeiten und Erfahrungen ▶ Verkaufsleiter, Personalverantwortlicher und ein externer Berater sind Interviewer bzw. Beobachter
Festsetzung der Termine	▶ Einteilung der Außendienstmitarbeiter, die an Potenzial-Analyse teilnehmen wollen (Freiwilligkeit!)
Anforderungsprofil erstellen; Erarbeitung der Beobachtungs- und Bewertungskriterien	▶ Einschulung der Interviewer/Beobachter ▶ Abstimmung der Kriterien und des Ablaufs

Strukturierte Interviews führen	▶ Der Verkaufsleiter ist der Hauptinterviewer
	▶ Zuerst soll der Interviewte über seine Person, Hobbys, Interessen, Ziele und soziales Umfeld erzählen
	▶ Der ADM erzählt und die Interviewer hören zu
	▶ Die Interviewer stellen nur Verständnisfragen oder vertiefende Fragen
	▶ Im zweiten Teil geht es um die bisherige Tätigkeit, erreichte Erfolge, bisherige Erfahrungen, Ideen zum weiteren Ausbau der ADM-Tätigeit usw.
	▶ Im dritten Teil wird speziell auf die neuen Aufgaben als Gruppenleiter eingegangen
	▶ Wichtig sind Fragen in Richtung:
	  – Umgang mit Menschen
	  – Motivation von Mitarbeitern
	  – Zeitmanagement und Selbstorganisation
	  – Verbesserung der Kundenbetreuung
	  – künftige Zusammenarbeit mit dem Vertriebsleiter
	▶ Der ADM bekommt ausreichend Zeit, seine Vorstellungen zu präsentieren
	▶ Die Interviewer beobachten und notieren das Verhalten bzw. die Antworten des Interviewten
	▶ Anwendung der Beurteilungsblätter

Beobachterkonferenz nach jedem Strukturierten Interview	▶ Einzelbeobachtungen und Beurteilungen werden zusammengeführt ▶ Abstimmung mit dem Anforderungsprofil ▶ Abweichungen in den Beobachtungen werden genau besprochen ▶ Bei unterschiedlichen Sichtweisen wird Konsens hergestellt
Beobachterkonferenz für Ergebnisfeststellung	▶ Nach allen durchgeführten Strukturierten Interviews Ermittlung des »besten« Kandidaten ▶ Entscheidung muss nicht für den ADM mit der besten Bewertung fallen, sondern für den, dessen Potenzial in Zukunft am wirkungsvollsten in Richtung Anforderungsprofil entwickelt werden kann
Feedback an die Teilnehmer	▶ Mitteilung des Ergebnisses und Feedback-Gespräch mit jedem ADM durch den Verkaufsleiter ▶ Ein Dankeschön für die Teilnahme übergeben: Buch, Essensgutschein usw.

Regeln für den Ablauf eines Strukturierten Interviews:

▸ Der Zeitaufwand pro Interview beträgt zwei Stunden
▸ Zeitverteilung: 90 % für den Interviewten, 10 % für die Beobachter
▸ Ziel des Interviews klarstellen
▸ Ankündigung, dass es Feedback zum Interview geben wird
▸ Verhalten ist nicht direktiv, d. h. die Initiative liegt beim Interviewten (»Was wollen Sie uns von sich erzählen?«)
▸ Keine konventionelle Höflichkeit zur Abschwächung auftretender negativer Aspekte
▸ Vorinformationen über Interviewten nicht zu Voreingenommenheit werden lassen
▸ Offene Fragen stellen, Punkte hinterfragen, eventuell Zusatzfragen stellen
▸ Den Interviewten fordern, jedoch nicht überfordern
▸ Kurze Fragen stellen und stehen lassen, keine Erklärungen oder Nachbesserungen nachliefern
▸ Themen mehrfach wechseln
▸ Pausen aushalten
▸ Fordernde Interventionen durchführen: Widerspruch, insistieren, Empfindungen einbringen, eigene Positionen aufstellen, Phrasen hinterfragen, frühere Aussagen aufgreifen
▸ Die Initiative der Interviewer wird immer an Angeboten des Interviewten festgemacht
▸ Grenzen der Intimsphäre beachten, Ablehnung von Antworten respektieren
▸ Am Ende Aussagen abrunden lassen, Empfindungen über das Interview abfragen
▸ Kein Feedback am Ende des Interviews geben, Feedback erfolgt später

Die Rolle der Beobachter/Interviewer:

▸ Aufschließen des Interviewten
▸ Ein Beobachter hat die Rolle des Hauptinterviewers inne
▸ Beobachten erfolgt durch aktives Zuhören
▸ Notizen über die wesentlichen Beobachtungen machen
▸ Bewertung der Beobachtungen anhand der vorgegebenen Beobachtungs- und Bewertungskriterien
▸ Abgleich der Bewertungen aller Beobachter
▸ Verfassen eines schriftlichen Berichts
▸ Feedback-Gespräch mit Interviewtem innerhalb einer Woche nach Interview

6.6.2 Beobachtungskriterien im Strukturierten Interview

I. Denkleistung

1. Logisches und systematisches Vorgehen
2. Gründliche Problemanalyse
3. Konzeptionelle Denkweise
4. Wichtige Zusammenhänge herstellen

II. Geistiges Potenzial

1. Geistige Herausforderungen annehmen
2. Innovations- und Veränderungskraft beweisen

3. Vielseitig und beweglich denken und argumentieren
4. Für schwierige Gesprächssituationen gedankliche Lösungen anbieten

III. *Einflussnahme*
   1. Initiative/Engagement
   2. Klarheit und Überlegenheit der Argumentation
   3. Überzeugung der Gesprächspartner
   4. Beharrlichkeit bei Widerständen
   5. Gestaltungskraft
   6. Durchsetzungsfähigkeit

IV. *Kommunikations- und Integrationsfähigkeit*
   1. Einfühlungsvermögen
   2. Kritik üben, annehmen und verarbeiten
   3. Konstruktives Aufgreifen der Argumente anderer
   4. Konstruktive Kompromisse schließen

V. *Entscheidungsfähigkeit*
   1. Alternativen entwickeln und nach Prioritäten bewerten
   2. Urteilsvermögen
   3. Konsequente Schlussfolgerungen ziehen

VI. *Unternehmerisches Denken*
   1. Kurz- und langfristige Ziel- und Ergebnisorientierung
   2. Kundenorientierung und Dienstleistungsbereitschaft
   3. Beachtung gesellschaftlicher Einflussfaktoren
   4. Sicherung hoher Produktivität
   5. Mitarbeiterorientierung

VII. *Darstellung und formale Gestaltung*
   1. Treffsichere Formulierungen
   2. Klare Strukturierung
   3. Anschauliche Darstellung
   4. Übersichtliche Organisation
   5. Nutzung der Zeit

VIII. *Persönliche Wirkung*
   1. Sicherheit und Festigkeit
   2. Ausstrahlung und Vertrauensbildung
   3. Kontaktfähigkeit
   4. Sympathie aufbauendes Wesen
   5. Durchgängigkeit des Verhaltens

IX. *Fachwissen und Bildung*
   1. Schulische Ausbildung – fundiertes Fachwissen
   2. Betriebliche Bildung – fachliche Autorität
   3. Praktische Umsetzung des Fachwissens

6.6.3 Bewertungskriterien

Die Bewertungskriterien können folgendermaßen klassifiziert werden:
1 = ungenügend
2 = trotz guter Ansätze nicht befriedigend
3 = trotz einiger Schwächen gut
4 = ohne Schwächen gut
5 = kann kaum besser sein

Angewendet auf die Beobachtungskriterien sind sie folgendermaßen zu sehen:

Denkleistung

1 =	Erkennt komplexe Zusammenhänge nur teilweise und tendiert zu pragmatischen, nur teilweise vernetzten Lösungsansätzen.
2 =	Kann komplexe Zusammenhänge nachvollziehen, überzeugt in seinen Lösungsansätzen jedoch nicht in vollem Umfang.
3 =	Erkennt komplexe Zusammenhänge, die für andere nicht erkennbar waren, analysiert diese und trifft folgerichtige Entscheidungen.
4 =	Entwirft neue Konzepte für komplexe Problemstellungen und liefert konzeptionelle, komplexe Lösungen.
5 =	Erstellt Szenarien und entwickelt visionäre Strategien, indiziert überzeugende Strategien zur Lösung komplexer Probleme.

Geistiges Potenzial

1 =	Ist selbst nicht aufgeschlossen und hemmt innovative Prozesse. Umsetzung und Unterstützung bei Veränderungsprozessen entspricht nicht den notwendigen Erfordernissen.
2 =	Ist prinzipiell aufgeschlossen für Innovationen, entwickelt aber keine eigene Tatkraft. Trägt Strategien und Projekte bei Veränderungsprozessen mit, setzt jedoch keine eigenen Akzente.
3 =	Überprüft Strukturen und Prozesse aktiv auf ihre Effizienz hin und optimiert diese fortlaufend durch innovative Ansätze. Setzt Strategien und Projekte bei Veränderungsprozessen aktiv in der erwarteten Weise um.
4 =	Überprüft Strukturen und Prozesse aktiv auf ihre Effizienz hin und optimiert diese fortlaufend auch bei fehlender Unterstützung.
5 =	Setzt seine innovativen Ideen auch gegen Widerstand um und antizipiert dabei langfristige Prozesse. Engagiert sich aktiv in der Entwicklung und Umsetzung von Veränderungsprozessen. Begeistert andere und wird zum »Opinion Leader«.

Einflussnahme

1 =	Verliert die Nerven, erzielt bei unterschiedlicher Interessenslage kein Ergebnis oder harmonisiert nicht.
2 =	Wirkt nervös, bleibt bei Widerstand in Diskussion und Präsentation nur teilweise überzeugend.
3 =	Bringt sich aktiv in Diskussionen ein und kann seinen Standpunkt verständlich machen. Mit zunehmendem Erfolg gewinnt er Verbündete für das von ihm angestrebte Ziel.
4 =	Kalkuliert die eigene Wirkung. Platziert seine Argumente zielgruppengerecht und vorausschauend. Erreicht wider Erwarten ein mehrheitlich getragenes Ergebnis.
5 =	Antizipiert Reaktionen, bildet Koalitionen, gestaltet aktiv Situationen und erreicht langfristige Verhandlungsziele auch bei ungünstiger Ausgangssituation.

Kommunikations- und Integrationsfähigkeit

1 =	Kann Kritik nicht annehmen, erzielt bei unterschiedlicher Interessenslage kein Ergebnis oder harmonisiert nicht. Ignoriert Argumente anderer.
2 =	Kann Kritik nicht verarbeiten, bleibt bei Widerstand in Diskussion und Präsentation nur teilweise überzeugend.
3 =	Geht auch bei Widerstand auf entgegengesetzte Interessen ein und erreicht ein von allen mitgetragenes Ergebnis.
4 =	Kann mit Kritik anderer sachlich umgehen, kalkuliert die eigene Wirkung. Platziert seine Argumente zielgruppengerecht und vorausschauend.
5 =	Hört aktiv zu, antizipiert Reaktionen, bildet Koalitionen, gestaltet aktiv Situationen und erreicht langfristige Verhandlungsziele auch bei ungünstiger Ausgangssituation.

Entscheidungsfähigkeit

1 =	Kann keine Prioritäten erkennen und setzt keine. Verliert den Überblick. Trifft keine oder die falsche Entscheidung.
2 =	Verliert in geringen Stresssituationen den Überblick. Kann keine Alternativen entwickeln.
3 =	Arbeitet strukturiert mit überwiegend folgerichtiger Prioritätensetzung. Bringt alternative Lösungsansätze in die Diskussion ein.
4 =	Arbeitet auch in schwierigen Situationen strukturiert und setzt folgerichtige Prioritäten. Zieht richtige Schlussfolgerungen.
5 =	Kann komplexe Situationen für seine und die Arbeit anderer beurteilen und trifft folgerichtige Entscheidungen auch für sein Arbeitsumfeld. Findet Alternativen und Auswege aus schwierigen Situationen.

Unternehmerisches Denken

1 =	Ist antriebslos, keine Ziel- und Ergebnisorientierung. Kunde steht kaum im Mittelpunkt seiner Aktivitäten, nimmt keine Rücksicht auf Kosten/Nutzen-Verhältnisse.
2 =	Mäßiger Antrieb, hat eine sehr geringe Ziel- und Ergebnisorientierung. Konzentriert seine Leistungen nur teilweise auf den Kunden. Kann Einflussfaktoren in seinem Umfeld nicht einschätzen.
3 =	Ist motiviert, seine wirtschaftlichen Ziele zu erreichen. Kunde steht im Mittelpunkt seiner Aktivitäten. Erkennt Zusammenhänge in seinem Umfeld, die seine Arbeit beeinflussen.
4 =	Ist hoch motiviert, setzt Prioritäten richtig. Hohe Ergebnis- und Zielorientierung, starke Konzentration auf den Kunden. Bezieht Kosten/Nutzen-Überlegungen in Entscheidungsfindungen mit ein.
5 =	Orientiert sich in seinen Entscheidungen immer an Gesamtunternehmenszielen. Liegt in seiner Zielerreichung immer deutlich über 100 %. Besitzt differenzierte Kundenorientierung. Bezieht sein Umfeld in Entscheidungsfindungen mit ein.

Darstellung und formale Gestaltung

1 =	Spricht undeutlich und unbeholfen, artikuliert schlecht. Findet sich in der Situation nicht zurecht. Gesagtes ist für andere nicht nachvollziehbar, verliert den Überblick, unverständliche Formulierungen.
2 =	Relativ unklare Sprache, kann Zusammenhänge nicht darstellen, verliert sich in unwichtigen Details, unklare Formulierungen, geht unüberlegt an Aufgabenstellungen heran, wirkt in Stresssituationen unstrukturiert, schweift ab.
3 =	Spricht deutlich und verständlich, geht auf die Argumente des Gesprächspartners ein, klare Struktur, klar in der Formulierung.
4 =	Organisiert sich selbst strukturiert, kann zuhören, ist sicher in der freien Rede und treffsicher in seinen Formulierungen, passt sich den Gesprächspartnern in der Sprache an.
5 =	Kann umfangreiche Informationen verarbeiten und behält den Überblick. Schafft Strukturen, geht an Aufgabenstellungen rasch und konsequent heran, stellt Gedankengänge strukturiert dar, kann auch äußerst komplexe Themen klar darstellen.

Persönliche Wirkung

1 =	Internes und externes Auftreten im Interesse des Unternehmens unzureichend, wirkt unsicher, besitzt kaum Engagement, unterbricht, manipuliert, zieht sich zurück, wirkt nicht authentisch.
2 =	Internes und externes Auftreten im Interesse des Unternehmens reicht nur teilweise aus. Ist in schwierigen Gesprächssituationen unsicher, in stressreichen Situationen fehlt Engagement. Findet keinen persönlichen Zugang.
3 =	Vertritt aktiv und konsequent die Interessen des Unternehmens nach innen und außen, ist kontaktfreudig, besitzt ein Sympathie aufbauendes Wesen, strahlt Sicherheit aus, natürliches Verhalten wirkt authentisch.
4 =	Vertritt die Interessen des Unternehmens nach außen und innen besonders konsequent und überzeugend. Wird als Meinungsführer anerkannt, sehr hohe Kontaktfreudigkeit, auch in schwierigen Situationen sicher im Verhalten.
5 =	Vertritt die Interessen des Unternehmens nach innen und außen besonders konsequent und überzeugend. Wird innerhalb und außerhalb des Unternehmens als Kulturträger gesehen und anerkannt. Hohes Engagement, schafft für alle Gesprächspartner ein angenehmes Gesprächsklima.

6.6.4 Hilfreiche Fragestellungen

Biografie	- Was war wichtig in Ihrem Leben? - Wie haben Sie Ihre Berufsentscheidung getroffen? - Was waren für Sie Highlights in Ihrem Leben? - Welche unangenehmen Erfahrungen gibt es? - Welche Rolle spielt die Familie in Ihrem Leben? - Wie sieht Ihre Work-Life-Balance aus? - Welche außerberuflichen Interessen verfolgen Sie?
Karriereplanung	- Welche beruflichen Ziele haben Sie? - Was sind relevante Faktoren für Ihre berufliche Planung? - Was ist, wenn Sie die Position nicht bekommen? - Was bedeutet Erfolg für Sie?
Anforderungen an die Funktion	- Welche fachlichen Anforderungen sind notwendig? - Welche spezifischen Anforderungen gibt es in Zukunft? - Was bringen Sie mit? - Was gehört weiterentwickelt? - Können Sie Beispiele bringen, welche Fähigkeiten Sie einbringen können?
Führungsstil und -technik	- Wie führen Sie Ihre Mitarbeiter? - Wie stellen Sie sicher, dass die Mitarbeiter die übertragenen Aufgaben und Kompetenzen erfüllen und nützen? - Was ist ein guter Mitarbeiter und was verstehen Sie unter »Führung«?

Unternehmerisches Denken	- Was verstehen Sie unter »unternehmerischem Denken«? - Welche Kompetenzen brauchen Sie, welche nehmen Sie sich? - Welche Vorstellungen verfolgen Sie in der jetzigen Position? - Wo sehen Sie das Unternehmen in den nächsten 1, 3, 5 Jahren? - Welche Visionen haben Sie für das private Leben?
Soziale Kompetenz	- Was bedeutet der Faktor »Mensch« für Sie und Ihr Unternehmen? - Wie gehen Sie mit den verschiedenen Persönlichkeiten im Unternehmen um? - Wie weit sind Sie toleranzfähig?
Allgemeinwissen	- In welchen Bereichen haben Sie großes Allgemeinwissen? - Wofür kann es wichtig sein? - Wie können Sie es im Unternehmen umsetzen?
Fachwissen	- Welches Fachwissen ist wichtig für die Position? - Wie definieren Sie Kompetenz? - Was unternehmen Sie für die Weiterentwicklung des Fachwissens?
Entscheidungsfähigkeit	- Welche Schritte sind für eine strategische Entscheidung notwendig? - Was ist und wie erkennt man eine richtige Entscheidung? - Wie entscheiden Sie bei nicht eindeutigen Situationen? - Was sind die Konsequenzen von Entscheidungsunfähigkeit?
Kritik- und Konfliktfähigkeit	- Akzeptieren Sie die Meinung Ihrer Mitarbeiter? - Initiieren Sie bewusst Konflikte? - Wie kritisieren Sie Mitarbeiter? - Wie lösen Sie Konflikte?
Veränderungs- und Entwicklungsbereitschaft	- Wann ist eine Veränderung in der Firma notwendig? - Wie initiieren Sie und wie verwalten Sie einen Veränderungsprozess? - Wie stellen Sie einen nachhaltigen Innovationsprozess im Unternehmen sicher?
Beziehungen gestalten	- Warum ist es wichtig, in einem Unternehmen ehrlich und fair zu sein? - Wie reagieren Sie auf Unehrlichkeit im Unternehmen? - Wie unterscheiden Sie berufliche und private Beziehungen?
Vorbildwirkung, Auftreten	- Was halten Sie von der Anforderung »Vorbild sein«? - Wie leben und gestalten Sie Ihre Vorbildwirkung? - Was verstehen Sie unter Charisma?
Teamfähigkeit, Kooperation	- Wie sehen Sie Ihre Rolle im Team? - Was verstehen Sie unter »produktivem Team«? - Was können Sie tun, um die Kooperation im Unternehmen zu fördern?
Selbstmotivation	- Wie motivieren Sie sich selbst? - Was halten Sie von Disziplin? - Was ist der Unterschied zwischen Disziplin und Organisation? - Wo finden Sie Ihren Sinn in der beruflichen Tätigkeit? - Wie wichtig ist für Sie das Image des Unternehmens?

Authentizität	- Was sind Ihre Ängste?
	- Wann sind Sie nicht ehrlich bzw. authentisch?
	- Wo und wann verlieren Sie Glaubwürdigkeit?
Erfolgsorientierung	- Was bedeutet Erfolg für Sie?
	- Wie teilen Sie den Erfolg bzw. Misserfolg im Team?
	- Was ist der Unterschied zwischen Erfolg und Zielerreichung?
Flexibilität, Belastbarkeit	- Was verstehen Sie unter Flexibilität?
	- Wie weit ist Belastbarkeit wichtig für Ihre unternehmerische Tätigkeit?
	- Wann kann Flexibilität ein Nachteil sein?

6.6.5 Entscheidungsfindung und Ergebnis

Die Beobachter kommen in folgenden Schritten zu einem Ergebnis:

- ▸▸ Informationssammlung:
  - – Protokollnotizen machen
  - – Einzelbeurteilungen abgeben
- ▸▸ Info-Verdichtung in der Beobachterkonferenz:
  - – alle Einzelbeurteilungen, Protokollnotizen und Beobachtungen zusammenführen
- ▸▸ Entscheidungsfindung durch die Beobachter:
  - – Beurteilungen konsolidieren
  - – Stärken-/Schwächenanalyse durchführen
  - – Potenziale und Blockaden zusammenführen

Beurteilungsblatt pro Teilnehmer und Beobachter:

Kandidat: _____ Beobachter: _____

Datum: _____

Bewertung	1	2	3	4	5
I. Denkleistung					
1. Logisches und systematisches Vorgehen					
2. Gründliche Problemanalyse					
3. Konzeptionelle Denkweise					
4. Wichtige Zusammenhänge herstellen					
II. Geistiges Potenzial					
1. Geistige Herausforderungen annehmen					
2. Innovations- und Veränderungskraft beweisen					
3. Vielseitig und beweglich denken und argumentieren					
4. Für schwierige Gesprächssituationen gedankliche Lösungen anbieten					
III. Einflussnahme					
1. Initiative/Engagement					
2. Klarheit und Überlegenheit der Argumentation					
3. Überzeugung der Gesprächspartner					
4. Beharrlichkeit bei Widerständen					
5. Gestaltungskraft					
6. Durchsetzungsfähigkeit					
IV. Kommunikations- und Integrationsfähigkeit					
1. Einfühlungsvermögen					
2. Kritik üben, annehmen und verarbeiten					
3. Konstruktives Aufgreifen der Argumente anderer					
4. Konstruktive Kompromisse schließen					
V. Entscheidungsfähigkoit					
1. Alternativen entwickeln und nach Prioritäten bewerten					
2. Urteilsvermögen					
3. Konsequente Schlussfolgerungen ziehen					
VI. Unternehmerisches Denken					
1. Kurz- und langfristige Ziel- und Ergebnisorientierung					
2. Kundenorientierung und Dienstleistungsbereitschaft					
3. Beachtung gesellschaftlicher Einflussfaktoren					
4. Sicherung hoher Produktivität					
5. Mitarbeiterorientierung					

VII. Darstellung und formale Gestaltung					
1. Treffsichere Formulierungen					
2. Klare Strukturierung					
3. Anschauliche Darstellung					
4. Übersichtliche Organisation					
5. Nutzung der Zeit					
VIII. Persönliche Wirkung					
1. Sicherheit und Festigkeit					
2. Ausstrahlung und Vertrauensbildung					
3. Kontaktfähigkeit					
4. Sympathie aufbauendes Wesen					
5. Durchgängigkeit des Verhaltens					
IX. Fachwissen und Bildung					
1. Schulische Bildung – fundiertes Fachwissen					
2. Betriebliche Bildung – fachliche Autorität					
3. Praktische Umsetzung des Fachwissens					

Bewertung 1 bis 5: 1 = ungenügend, 2 = trotz guter Ansätze nicht befriedigend, 3 = trotz einiger Schwächen gut, 4 = ohne Schwächen gut, 5 = kann kaum besser sein

Sonstige Bemerkungen:

Das endgültige Ergebnisblatt, das dem Interviewten auch ausgehändigt werden kann, sieht zum Beispiel folgendermaßen aus:

Strukturiertes Interview
Ergebnisbogen

Kandidat: *Muster Andreas*

Position: Gruppenleiter ADM

Beobachter:

		1	2	3	4	5
Funktionskompetenz 30 %	• Fachwissen und Bildung	1	2	3	4 X	5
	• Unternehmerisches Denken	1	2	3 X	4	5
Führungskompetenz/ Soziale Kompetenz 40 %	• Einflussnahme	1	2	3 X	4	5
	• Kommunikations- und Integrations-Fähigkeit	1	2	3	4 X	5
	• Entscheidungsfähigkeit	1	2	3 X	4	5
	• Darstellung und formale Gestaltung	1	2 X	3	4	5
	• Persönliche Wirkung	1	2	3	4 X	5
Strategische Kompetenz 30 %	• Denkleistung	1	2	3 X	4	5
	• Geistiges Potenzial	1	2 X	3	4	5

Bewertung 1 bis 5:
1 = ungenügend
2 = trotz guter Ansätze nicht befriedigend

3 = trotz einiger Schwächen gut
4 = ohne Schwächen gut

5 = kann kaum besser sein

Eignung 3. Ebene	*Potenzial vorhanden*
Positionsempfehlung	*Gruppenleiter*
Alternative 1	*Verkaufsverantwortung erweitern auf Betreuung der Schlüsselkunden*
Alternative 2	
Weiterentwicklungs Empfehlung	*Führungskräfte-Ausbildungsprogramm absolvieren*

Bemerkungen/Kommentare:

- *integriert sich gut im Team*
- *Gesamteindruck: Noch zu verhalten!*

Datum: _____   Unterschrift: _____

NEGES' MANAGEMENTTRAINER

Mit jedem Interviewkandidaten wird innerhalb einer Woche nach dem Interview ein Feedback-Gespräch geführt:

- ▸▸ Mitteilung der Entscheidung
- ▸▸ Begründung der Entscheidung
- ▸▸ Stärken-/Schwächenanalyse bekannt geben
- ▸▸ Zusammenfassung der Beobachtungskriterien
- ▸▸ Erklärung der weiteren Vorgehensweise

7. ABSCHLUSSMOTIVATION

Sie wissen nun genug für eine erfolgreiche Umsetzung:

Sie setzen das Potenzial Ihres Teams zielführend ein.

Mit strukturierten Besprechungen führen Sie schnell zu Ergebnissen.

Sie bereiten Ihre Mitarbeiter durch gezieltes Training am Arbeitsplatz auf Kundenkontakte vor.

Mit den geeigneten Auswahlinstrumentarien finden Sie den bestmöglichen Bewerber für die gestellten Anforderungen.

8. LITERATURVERZEICHNIS

Gross, Günter F.: Checklist Kommunikation, Moderne Industrie, 2000

Hierhold, Emil: Sicher präsentieren, wirksam vortragen, Redline Wirtschaft, 2006

Klebert, Schrader, Straub: KurzModeration, Windmühle

Leaders Circle Office: Führungsrollen in der Teamarbeit, Wien

Litke, Hans-Dieter; Kunow, Ilonka: Projektmanagement, Haufe, 2006

Namokel, Herbert: Die moderierte Besprechung, Namokel & Tosch, 2002

Stoewer, Günter: Motivierungshilfen aus der Praxis, Sauer Verlag, 1986